Sekundarstufe II

Barbara Theuer

Kurvendiskussion

Trigonometrische Funktionen

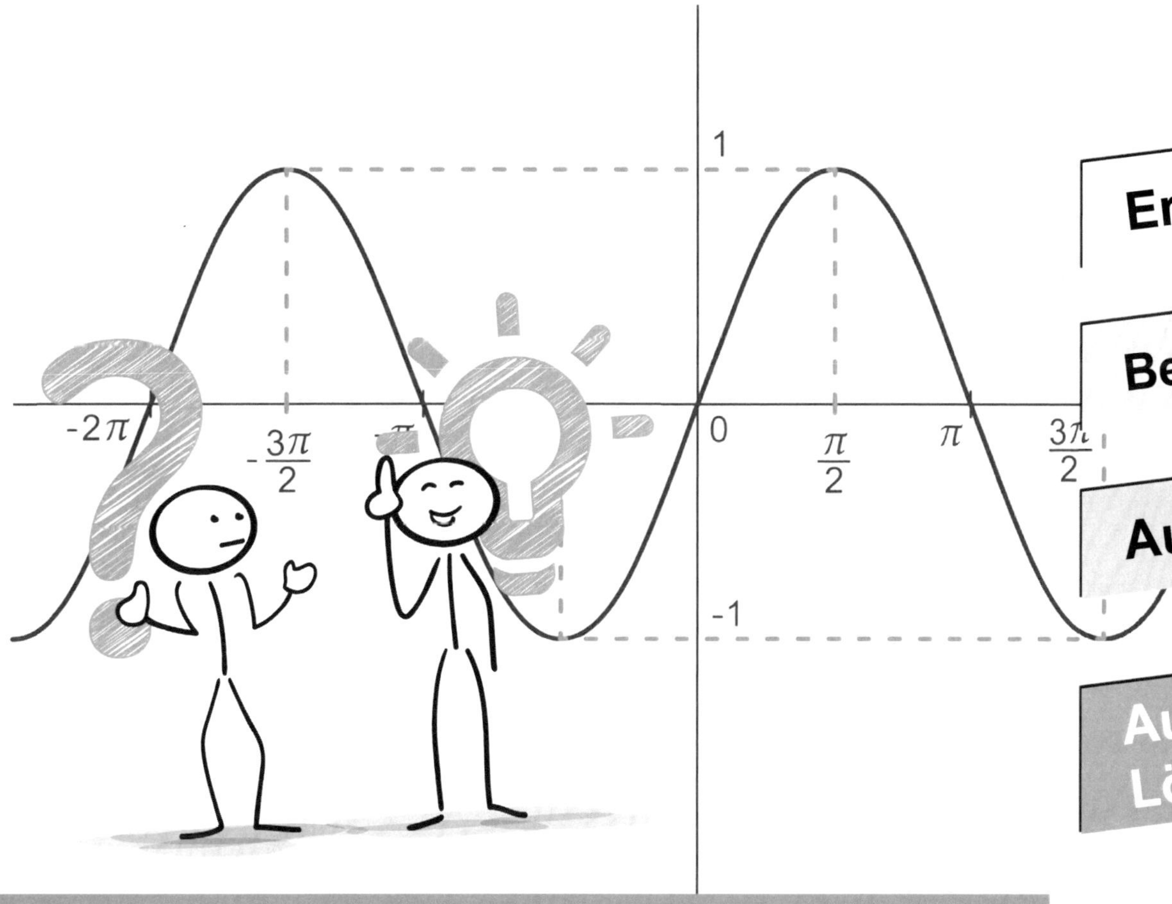

Erklärungen

Beispiele

Aufgaben

Ausführliche Lösungen

- Sinus- & Cosinusfunktionen
- Amplituden- & Periodenbestimmung u.v.m.

www.kohlverlag.de

Kurvendiskussion / Trigonometrische Funktionen

4. Auflage 2025

Inhalt: Barbara Theuer
Umschlagbild: © fotolia.com
Cliparts: © clipart.com
Redaktion: Kohl-Verlag
Grafik & Satz: Kohl-Verlag
Druck: Druckerei Flock, Köln

Bestell-Nr. 11 855

ISBN: 978-3-95686-454-4

Kontakt: Kohl-Verlag, An der Brennerei 37-45, 50170 Kerpen
Tel: +49 2275 331610, Mail: info@kohlverlag.de

Unsere Lizenzmodelle

Der vorliegende Band ist eine Print-Einzellizenz

Sie wollen unsere Kopiervorlagen auch digital nutzen? Kein Problem – fast das gesamte KOHL-Sortiment ist auch sofort als PDF-Download erhältlich! Wir haben verschiedene Lizenzmodelle zur Auswahl:

	Print-Version	PDF-Einzellizenz	PDF-Schullizenz	Kombipaket Print & PDF-Einzellizenz	Kombipaket Print & PDF-Schullizenz
Unbefristete Nutzung der Materialien	x	x	x	x	x
Vervielfältigung, Weitergabe und Einsatz der Materialien im eigenen Unterricht	x	x	x	x	x
Nutzung der Materialien durch alle Lehrkräfte des Kollegiums an der lizensierten Schule			x		x
Einstellen des Materials im Intranet oder Schulserver der Institution			x		x

Die erweiterten Lizenzmodelle zu diesem Titel sind jederzeit im Online-Shop unter www.kohlverlag.de erhältlich.

Inhalt

KOHL VERLAG Kurvendiskussion / Trigonometrische Funktionen – Bestell-Nr. 11 855

Vorwort

Prozesse in der Natur laufen sehr oft nach einem bestimmten zeitlichen Plan ab, wiederholen sich nach gleichen Zeitspannen und bestimmen so den Rhythmus unseres Lebens.

Solche zeitlich periodischen Vorgänge zu beschreiben, um die Gesetze der Natur beispielsweise für Physik, Astronomie und Technik greifbarer zu machen, ist Aufgabe der Mathematik.

So kommen Praxisbezüge und fachübergreifende Aspekte auch in diesem Heft zum Tragen.

Die durch den Umlauf unseres Erdtrabanten verursachten Gezeiten, welche den Meeresspiegel rhythmisch heben und senken, die periodisch zu- und abnehmende Taglänge in Abhängigkeit von der Position der Erde auf ihrer Bahn um die Sonne, die Gesetzmäßigkeiten der Schwingungen des Wechselstromes oder einer elastischen Schraubenfeder werden anschaulich und motivierend als Beispiele zur praktischen Anwendung von modifizierten Sinusfunktionen vorgestellt. Auf der Grundlage von bereitgestellten Daten werden die Schüler mit vielfältigen Arbeitsaufträgen zum Auffinden der entsprechenden Funktionsgleichungen bzw. zum Darstellen der funktionalen Abhängigkeit mittels Graphen angeregt.

Als Ausgangspunkt für die Erarbeitung der Graphen von Sinus-, Kosinus- und Tangensfunktion dient der Einheitskreis, sodass beispielsweise der Zusammenhang zwischen den Funktionswerten der Sinusfunktion und der Projektion der Koordinaten eines auf der Kreisbahn umlaufenden Punktes P beim Erarbeiten des Funktionsgraphen mit Hilfe repräsentativer Punkte deutlich wird. Vorgegebene Abbildungen, Wertetabellen und Koordinatensysteme erleichtern den Schülern die formalen Arbeiten und machen Konzentration auf das Wesentliche möglich. Die Eigenschaften der Winkelfunktionen, wie ihr Definitions- und Wertebereich, Periode, Amplitude, und Extrempunkte können in vorgegebenen Tabellen übersichtlich zusammengestellt werden. Zahlreiche Aufgaben, darunter Zuordnungsübungen, sind geeignet, die grundlegenden Eigenschaften der modifizierten Sinusfunktion zu festigen.

Bei den einfachen Winkelfunktionen sind Funktionsuntersuchungen auf Grund ihrer periodischen Eigenschaften mit elementaren mathematischen Methoden möglich. Erst bei zusammengesetzten Winkelfunktionen müssen die Methoden der Differentialrechnung herangezogen werden, um Anstieg, Extrem- und Wendepunkte zu berechnen. Deshalb sind die letzen Kapitel der Anwendung der Differentialrechnung auf Winkelfunktionen gewidmet. Neben vielfältigen grundlegenden Übungen zum Differenzieren, Berechnungen von Tangenten und zu Kurvendiskussionen werden mathematisch interessierte Schüler gefordert, die Definition des Differentialquotienten zur Herleitung der Ableitung der Sinusfunktion einzusetzen – eine anspruchsvolle Aufgabe.

Wir hoffen, Ihnen mit vorliegenden Arbeitsblättern eine gute Unterstützung zum differenzierten Üben und Festigen trigonometrischer Funktionen sowie zu fachübergreifenden Betrachtungen bieten zu können und wünschen Ihnen und Ihren Schülern erfolgreiche Arbeit.

Das Kohl-Verlagsteam und **Barbara Theuer**

1 Trigonometrische Beziehungen am Dreieck

1.1 Fundamentale Gesetze für Dreiecke zur Wiederholung (Blatt 1)

Aufgabe 1: *Wiederhole die grundlegenden Beziehungen zwischen Seiten und Winkeln am allgemeinen Dreieck. Welcher bedeutsame Satz gilt für rechtwinklige Dreiecke? Du benötigst die Gesetze, um die Aufgaben auf Blatt 2 zu lösen.*

(1) Dreiecksungleichung

In jedem nicht entarteten Dreieck sind die Summen der Längen zweier Dreiecksseiten stets größer als die Länge der dritten Seite.

$a + b > c$, $a + c > b$ und $b + c > a$

(2) Innenwinkelsatz

In jedem ebenen Dreieck beträgt die Summe der Innenwinkel 180°.

$\alpha + \beta + \gamma = 180°$

Wie lautet die „Dreiecksungleichung“ für reelle Zahlen?

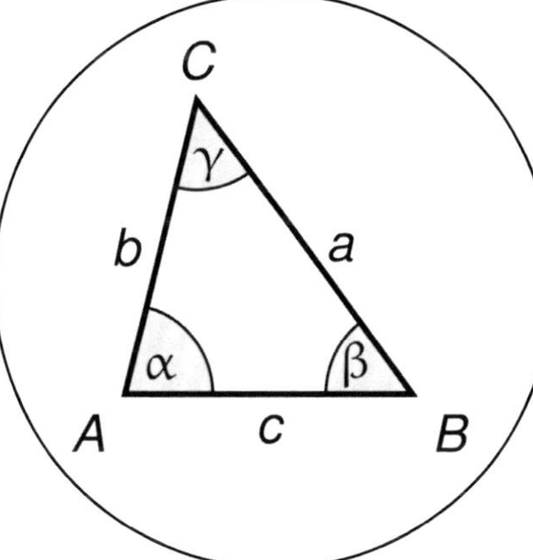

Was gilt für die Summe der Innenwinkel in einem sphärischen Dreieck?

(3) Seiten-Winkel-Beziehung

In jedem Dreieck liegt der größeren von zwei Seiten auch der größere Winkel gegenüber.

Aus $a \leq b$ folgt $\alpha \leq \beta$ usw.

(4) Lehrsatz des Pythagoras

In jedem rechtwinkligen Dreieck ist die Summe der Kathetenquadrate gleich dem Hypotenusenquadrat.

Für $\gamma = 90°$ folgt
$a^2 + b^2 = c^2$

(5) Kongruenzsätze

siehe Blatt 2

↓

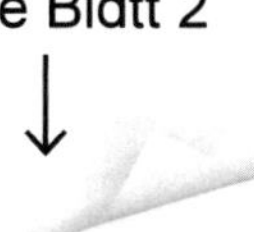

KOHL VERLAG Kurvendiskussion / Trigonometrische Funktionen – Bestell-Nr. 11 855

1 Trigonometrische Beziehungen am Dreieck

1.1 Fundamentale Gesetze für Dreiecke zur Wiederholung (Blatt 2)

(5) Kongruenzsätze für Dreiecke

Zwei Dreiecke, die in ...

- ihren drei Seitenlängen **sss**
- zwei Seitenlängen und der Größe des von diesen Seiten eingeschlossenen Winkels **sws**
- einer Seitenlänge und in den dieser Seite anliegenden Winkeln **wsw**
- in zwei Seitenlängen und in dem der längeren Seite gegenüberliegenden Winkel **SsW**

übereinstimmen, sind **kongruent**.

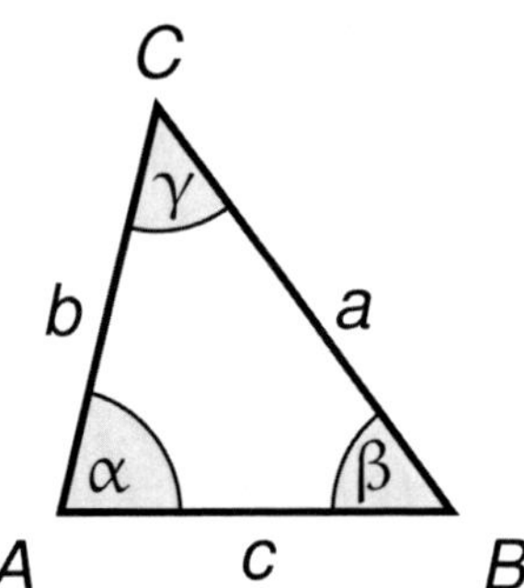

Aufgabe 1: *Existieren folgende wie im Bild rechts benannte Dreiecke? Gib die Nummer des entsprechenden mathematischen Gesetzes an, welches als Grundlage für deine Entscheidung bei „Dreieck existiert nicht“ dient.*

a) $c = 10$ cm, $a = 12$ cm, $\gamma = 90°$

___

b) $\alpha = 90°$, $a = 20$ cm, $c = 16$ cm

___

c) $b = 13$ cm, $c = 12$ cm, $\beta = 90°$

___

d) $a = 7$ cm, $b = 8$ cm; $c = 16$ cm

___

e) $a = b = 8$ cm, $\alpha = 50$, $\gamma = 90°$

___

1 Trigonometrische Beziehungen am Dreieck

1.2 Definition von Sinus, Kosinus und Tangens am rechtwinkligen Dreieck (Blatt 1)

Aufgabe 1: ***a)*** *Konstruiere ein rechtwinkliges Dreieck ABC mit folgenden Abmessungen:* $c = 5$ *cm ,* $\alpha = 30°$*,* $\gamma = 90°$

b) *Ermittle die Länge der Strecke a zeichnerisch.*

c) *Berechne das Streckenverhältnis* $\frac{a}{c}$*.*
Trage die Werte in die untenstehende Tabelle ein.

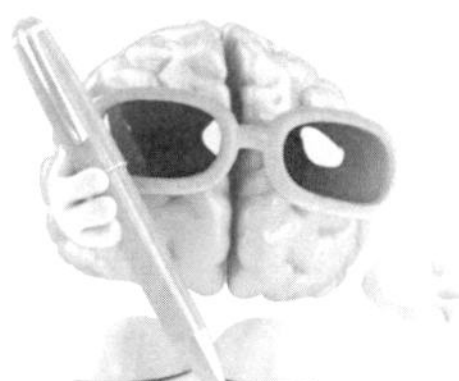

Aufgabe 2: ***a)*** *Konstruiere nun fünf weitere Dreiecke mit den Abmessungen für* α *und* γ *wie bei Aufgabe 1 und c = 6 cm (8 cm, 9 cm, 10,5 cm, c nach eigener Wahl)*

b) *Ermittle in jedem dieser Dreiecke die Länge der Strecke a.*

c) *Berechne die entsprechenden Streckenverhältnisse* $\frac{c}{a}$ *auf Zehntel genau.*
Trage sämtliche Werte übersichtlich in die untenstehende Tabelle ein.

d) *Zu welcher Erkenntnis kommst du?*

e) *Führe eine analoge Untersuchung bei verändertem Winkel* $\alpha = 60°$ *durch.*

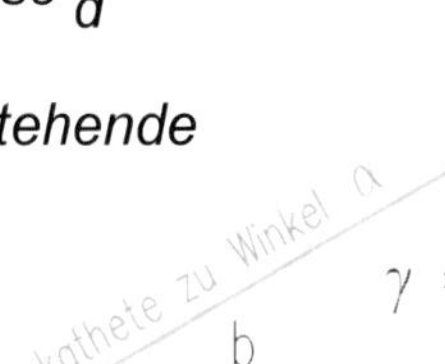

____

____

____

α	γ	c	a	$\frac{a}{c}$
30°	90°			
60°				

Aufgabe 3:

Vom Endpunkt E einer Hauswand, deren Länge EF = 15,5 m bekannt ist, wird ein Punkt P im Garten unter einem Winkel von 60° angepeilt. Von P aus erscheint die Grundseite EF der Hauswand unter einem Winkel von 90°.

Fertige eine Skizze an und berechne unter Nutzung deiner Erkenntnisse aus Aufgabe 2 die Länge der Strecke FP.

Kurvendiskussion / Trigonometrische Funktionen – Bestell-Nr. 11 855
KOHL VERLAG

1 Trigonometrische Beziehungen am Dreieck

1.2 Definition von Sinus, Kosinus und Tangens am rechtwinkligen Dreieck (Blatt 2)

In ähnlichen Dreiecken, die in allen drei Winkeln übereinstimmen, stimmen auch die Verhältnisse der Längen einander entsprechender Seiten überein. Am rechtwinkligen Dreieck werden die Seitenverhältnisse mit besonderen Begriffen definiert. Ihr Wert hängt von der Größe des entsprechenden spitzen Winkels ab und nimmt somit für alle Winkel gleicher Größe den gleichen Wert an.

Definition des Sinus eines Spitzen Winkels im rechtwinkligen Dreieck

$$\textbf{Sinus eines Winkels} = \frac{\textbf{Gegenkathete des Winkels}}{\textbf{Hypotenuse}}$$

$$\textbf{Kosinus eines Winkels} = \frac{\textbf{Ankathete des Winkels}}{\textbf{Hypotenuse}}$$

$$\textbf{Tangens eines Winkels} = \frac{\textbf{Gegenkathete des Winkels}}{\textbf{Ankathete}}$$

Kurzschreibweise beispielsweise: sin α, cos α, tan β, sin 30°, cos 60° usw.

Für die meisten Winkel ergeben sich mit wenigen Ausnahmen irrationale Zahlen für Sinus, Kosinus und Tangens und auch das Ermitteln durch Konstruktion liefert meist keine exakten Ergebnisse. Deshalb ist der Einsatz des Taschenrechners hier sinnvoll.

Aufgabe 4: *Ermittle folgende Seitenverhältnisse mit dem Taschenrechner. Gib die Ergebnisse auf vier Stellen nach dem Komma an, wobei die vierte Stelle gerundet werden soll.*

sin 60° ≈ ____________ cos 60° = ____________

sin 45° ≈ ____________ cos 45° ≈ ____________

sin 30° = ____________ cos 30° ≈ ____________

tan 45° = ____________ tan 60° ≈ ____________

Aufgabe 5: *Was fällt dir beim Vergleich auf?*

____

1 Trigonometrische Beziehungen am Dreieck

1.3 Berechnungen am rechtwinkligen Dreieck (Blatt 1)

Aufgabe 1: *Berechne auf die Länge der Katheten eines rechtwinkligen Dreiecks mit der Hypotenuse von 11 cm Länge und einem spitzen Winkel von 60°. Mache die Probe mit Hilfe des Satzes des Pythagoras.*

Aufgabe 2: *Beweise mit Hilfe eines rechtwinkligen Dreiecks, dass gilt: tan 45° = 1. Ergänze dazu die Skizze passend.*

Aufgabe 3: *Wie lang sind die Katheten eines rechtwinkligen Dreiecks mit einem spitzen Winkel von 45° und der Hypotenuse von 10 cm Länge?*

Aufgabe 4: *Zeige am rechtwinkligen Dreieck, dass exakt gilt: cos 60° = $\frac{1}{2}$.*

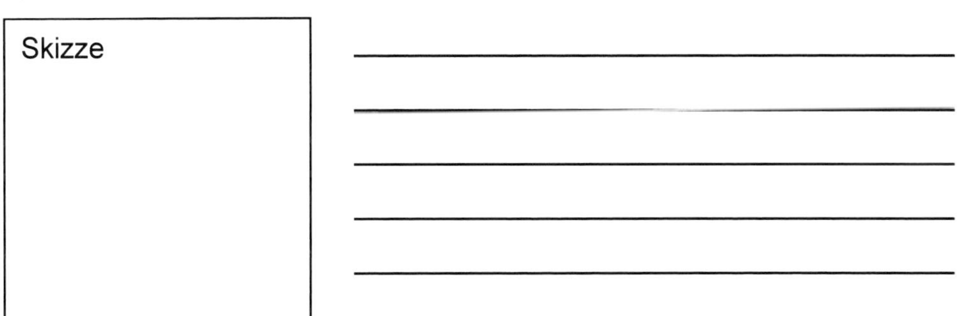

KOHL VERLAG Kurvendiskussion / Trigonometrische Funktionen – Bestell-Nr. 11 855

1 Trigonometrische Beziehungen am Dreieck

1.3 Berechnungen am rechtwinkligen Dreieck (Blatt 2)

Aufgabe 5: *Berechne Umfang und Flächeninhalt eines gleichschenkligen Trapezes, dessen Grundseite und Schenkel jeweils 10 cm lang sind und die Winkel zwischen Grundseite und Schenkeln je 120° betragen.*

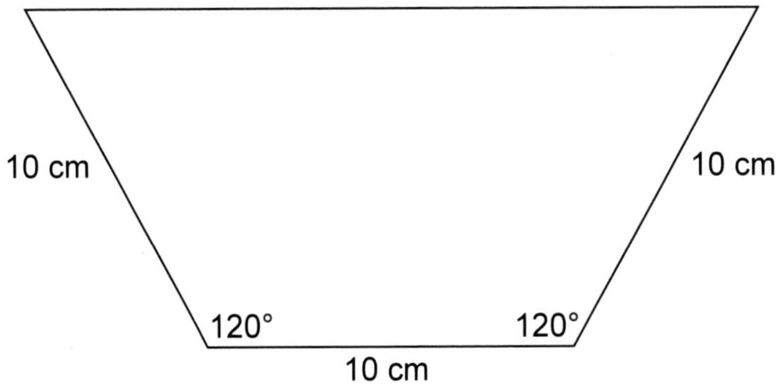

10 cm

10 cm

120°

120°

10 cm

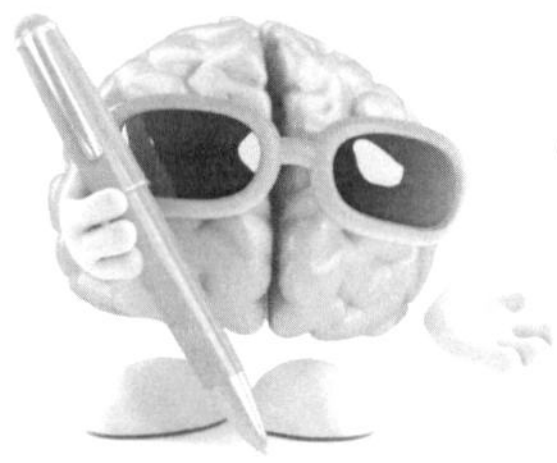

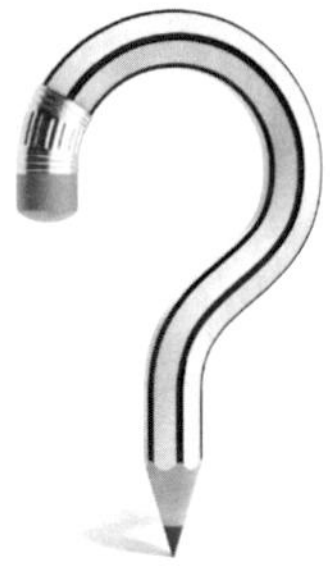

Aufgabe 6: *a) Berechne die Höhe in einem gleichseitigen Dreieck mit der Seitenlänge a = 8 cm.*

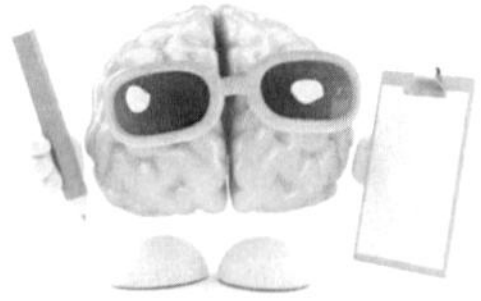

b) Leite allgemein eine Formel zur Berechnung der Höhe im gleichseitigen Dreieck her.

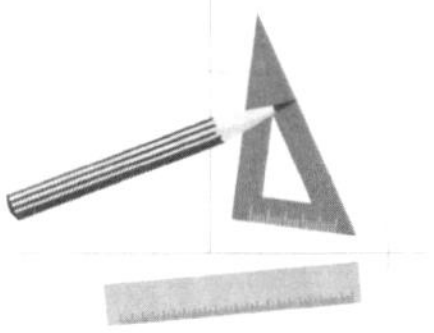

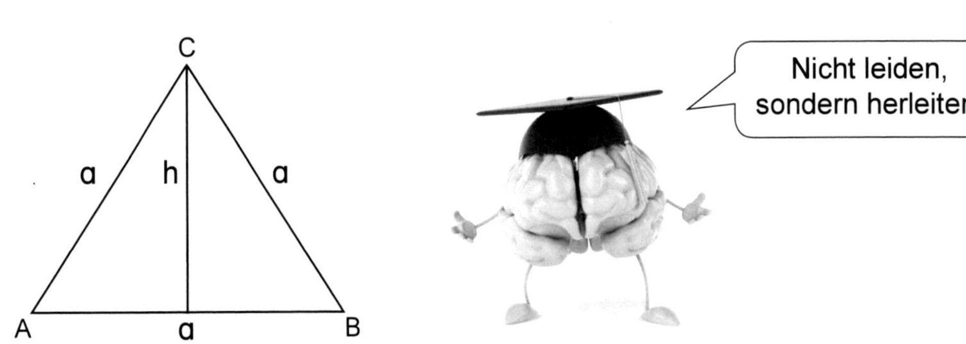

1 Trigonometrische Beziehungen am Dreieck

1.4 Der trigonometrische Pythagoras am rechtwinkligen Dreieck (Blatt 1)

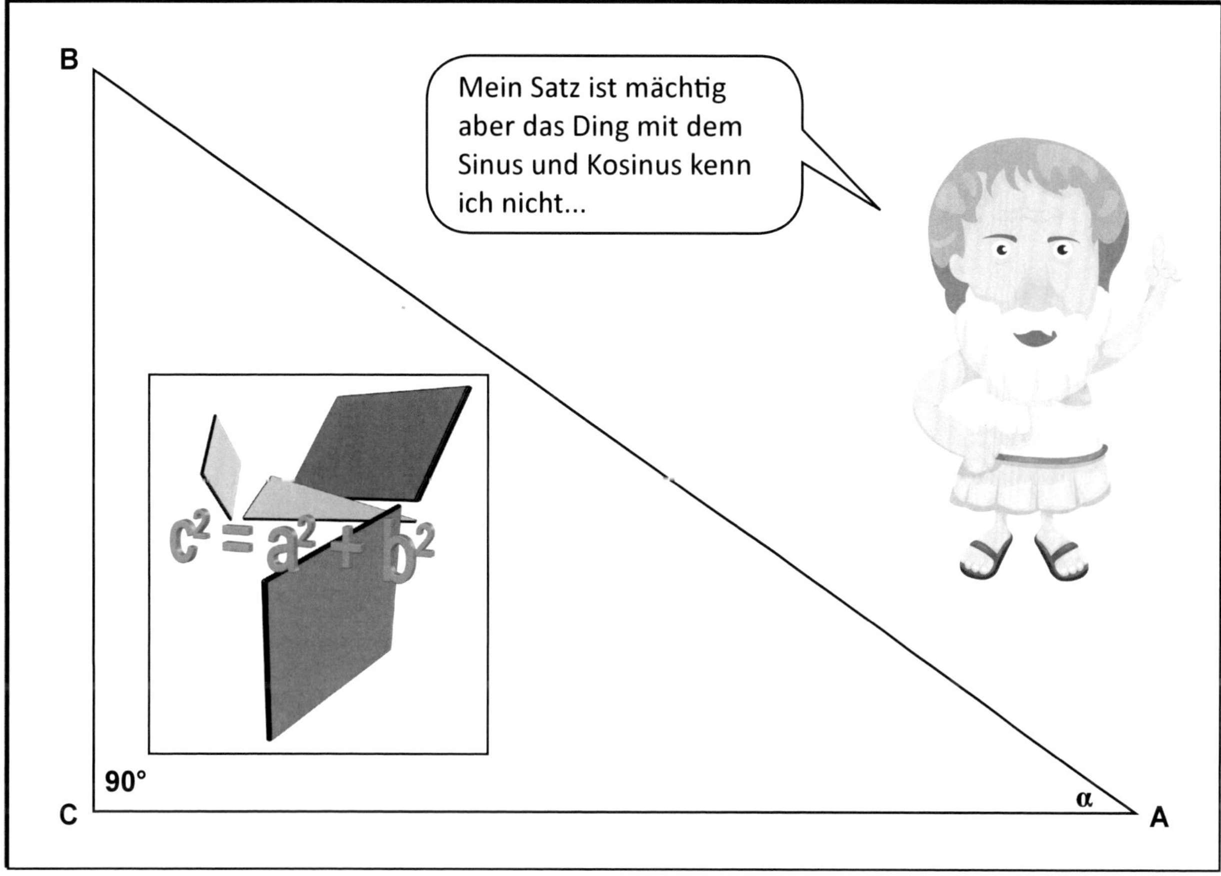

Aufgabe 1: *Untersuche den Zusammenhang zwischen Sinus und Kosinus eines Winkels. Runde dabei die vom Taschenrechner angezeigten Werte auf die vierte Stelle nach dem Komma. Formuliere eine Vermutung.*

Winkel α	sin α	(sin α)²	cos α	(cos α)²	sin α + cos α	(sin α)² + (cos α)²
20°						
30°						
45°						
60°						
75°						
80°						
89°						

Vermutung: ______________________________

KOHL VERLAG Kurvendiskussion / Trigonometrische Funktionen – Bestell-Nr. 11 855

1 Trigonometrische Beziehungen am Dreieck

1.4 Der trigonometrische Pythagoras am rechtwinkligen Dreieck (Blatt 2)

Aufgabe 2: *Beweise an einem rechtwinkligen Dreieck, dass deine Vermutung allgemein für jeden spitzen Winkel α gilt.*

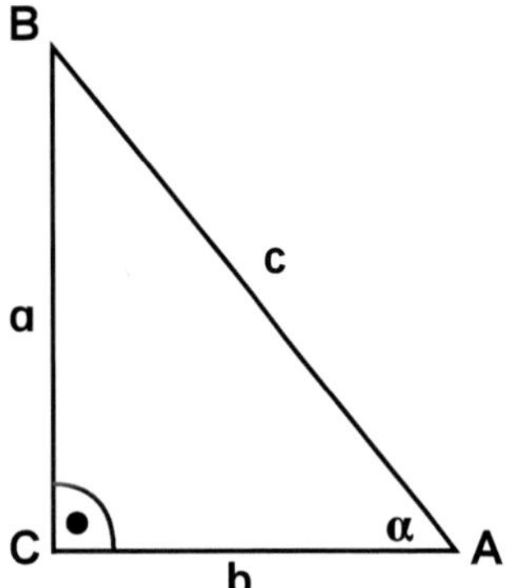

In jedem rechtwinkligen Dreieck gilt für den spitzen Winkel α

$$(\sin \alpha)^2 + (\cos \alpha)^2 = 1$$

Es bleibt die Frage offen zu untersuchen, ob diese Beziehung auch für Winkel beliebiger Größe gilt.

Beispiel:

Es ist zu zeigen dass gilt: $\sin 45° = \cos 45° = \frac{1}{2} \cdot \sqrt{2}$.

- Aus $\alpha = 45°$ folgt nach dem Innenwinkelsatz, dass gilt: $\beta = 45°$ und folglich auch $\sin 45° = \cos 45°$.
- Somit folgt aus $(\sin 45°)^2 + (\cos 45°)^2 = 1$ auch $2 \cdot (\sin 45°)^2 = 1$
- Durch Umstellen erhält man $(\sin 45°)^2 = \frac{1}{2}$ und letztlich $\sin 45° = \sqrt{(\frac{1}{2})} = \frac{1}{2} \cdot \sqrt{2}$, was zu zeigen war.

Aufgabe 3: *Berechne cos 40° mit einem „Hausfrauenrechner" (ohne Winkelfunktionen) auf vier Stellen genau, wenn bekannt ist, dass $\sin 40° \approx 0{,}6428$.*

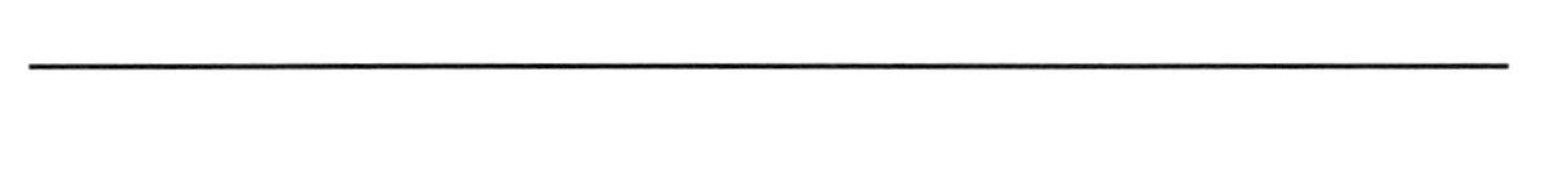

Aufgabe 4: *Ermittle ohne Verwendung des Taschenrechners einen exakten Term für cos 30°, wenn bekannt ist, dass gilt: $\sin 30° = \frac{1}{2}$.*

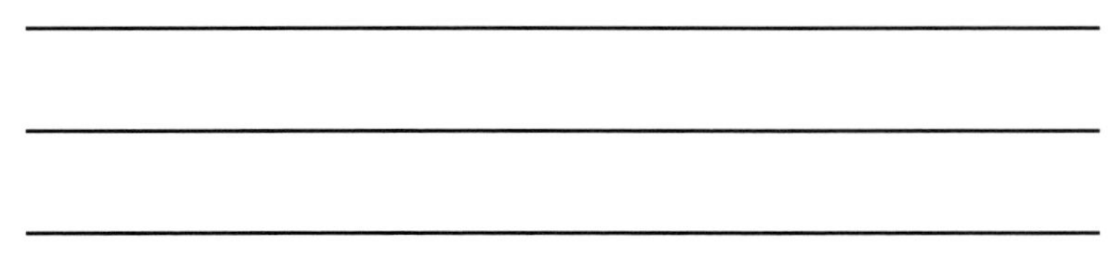

2 Trigonometrische Funktionen

2.1 Periodische Vorgänge in Natur und Technik

Aufgabe 1: *Welcher annähernd zeitlich periodische Vorgang könnte in der Abbildung rechts dargestellt sein?*

____

____

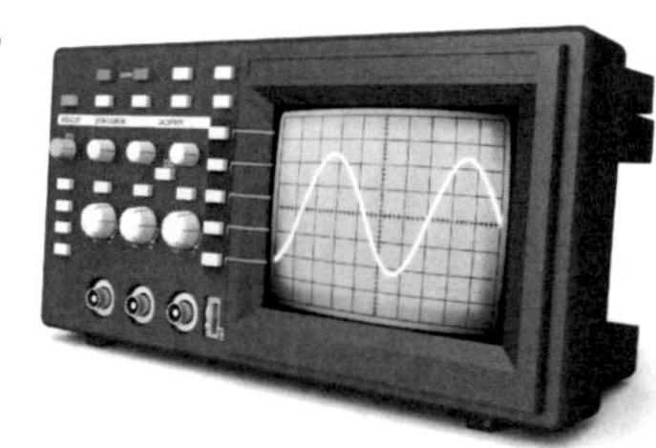

Aufgabe 2: Nenne weitere Beispiele für zeitlich periodische Vorgänge in Natur und Technik.

____

____

____

____

____

____

Aufgabe 3: Charakterisiere die allgemeinen Merkmale zeitlich periodischer Vorgänge. Welche Größen interessieren dabei, um periodische Vorgänge mathematisch zu beschreiben?

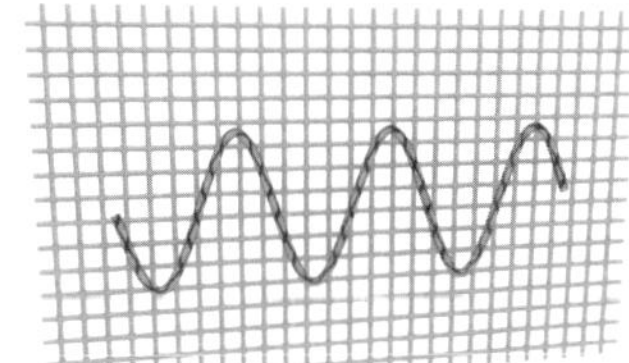

____

____

____

____

Periodische Vorgänge können durch periodische Funktionen modelliert und berechenbar gemacht werden.

In der Mathematik sind periodische Funktionen eine besondere Klasse von Funktionen.

Sie haben die Eigenschaft, dass sich ihre Funktionswerte in regelmäßigen Abständen wiederholen. Die Abstände zwischen dem Auftreten der gleichen Funktionswerte werden **Periode** genannt.

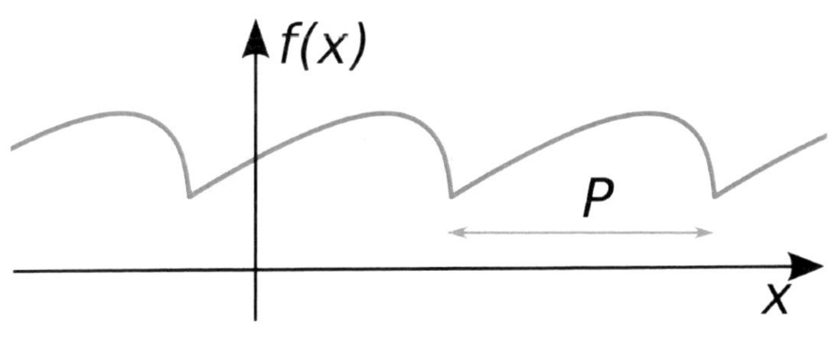

2.2 Größen zur Beschreibung periodischer Vorgänge am Beispiel des Wechselstromes

Aufgabe 1: *Informiere dich im Lehrbuch Physik im Stoffgebiet „Elektromagnetische Induktion“ über die Grundlagen zur Erzeugung von Wechselstrom bzw. Wechselspannung und über die entsprechenden physikalischen Kenngrößen.*

Wechselspannung nennt man eine elektrische Spannung, deren Polarität und Augenblickswerte in regelmäßiger Wiederholung wechseln.

Mathematisch wird die Wechselspannung durch eine zeitlich periodische Funktion u(t) beschrieben.

Aufgabe 2: *An welchem technischen Element des Wechselstromgenerators findet ein periodischer Vorgang statt?*

____

____

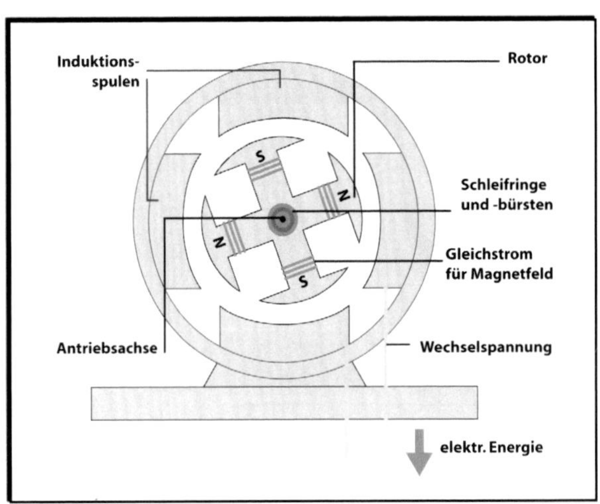

Aufgabe 3: *Ordne die folgenden elektrischen Kenngrößen der Abbildung passend zu: Spitze-Tal-Wert, Periodendauer, Amplitude (auch: Scheitelwert), Effektivwert.*

① ______________________________

② ______________________________

③ ______________________________

④ ______________________________

Aufgabe 4: *Was gibt die Größe „Frequenz“ an und welche Einheit hat diese Größe?*

____

____

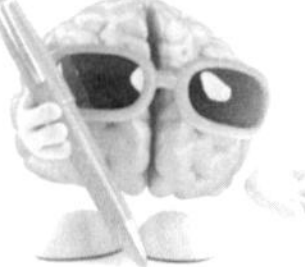

2.3 Kreisbewegung, Gradmaß und Bogenmaß eines Winkels

Jeder Punkt P auf einem rotierenden Rad beschreibt eine Kreisbewegung.

Da sich die Position des Punktes nach jeder Umdrehung wiederholt, ist diese Bewegung periodisch.

Der vom Mittelpunkt (Drehpunkt) des Rades durch den Punkt P verlaufende Strahl s beschreibt – gemessen von einer Anfangsposition in der Ruhelage aus – einen Drehwinkel α.

Während der ersten Umdrehung wächst der Drehwinkel von 0° bis 360° an; während der zweiten Umdrehung gilt:

$360° \leq \alpha \leq 720°$ usw. Während der n. Umdrehung gilt: $(n-1) \cdot 360° \leq \alpha \leq n \cdot 360°$.

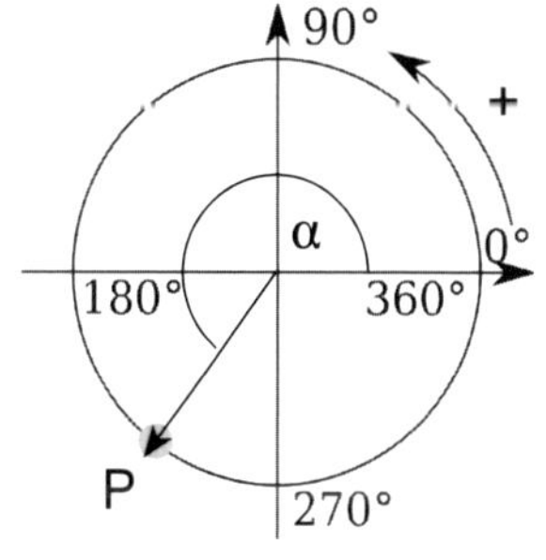

Aufgabe 1: *Bestimme in der Abbildung im Kasten oben den Drehwinkel α, wenn bekannt ist, dass sich der Punkt P innerhalb des dritten Umlaufs befindet. (Winkelmesser erforderlich)*

____

____

Zur mathematischen Beschreibung von Drehbewegungen ist es hilfreich, wenn die Winkel auf der x-Achse als Dezimalzahlen dargestellt werden können. Das gelingt, wenn Winkel im Bogenmaß, zum Beispiel als Vielfache von π, angegeben werden.

Wenn b der Bogen ist, welchen der Zentriwinkel α aus der Peripherie des Kreises mit dem Radius r ausschneidet, folgt für das Bogenmaß des Winkels α:

$$\text{arc } \alpha = \frac{b}{r} = \frac{\pi \cdot \alpha}{180°}$$

Der Vollwinkel von 360° entspricht demzufolge im Bogenmaß 2π.

b
α
r

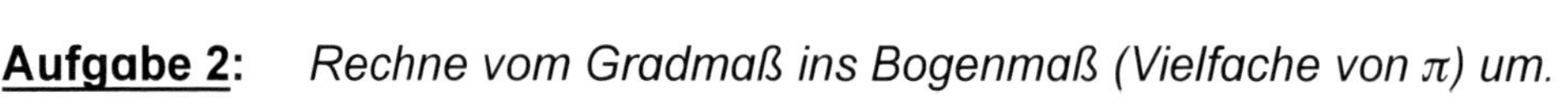

Aufgabe 2: *Rechne vom Gradmaß ins Bogenmaß (Vielfache von π) um.*

α im Gradmaß	15°	60°	75°	210°	420°
α im Bogenmaß					

KOHL VERLAG Kurvendiskussion / Trigonometrische Funktionen – Bestell-Nr. 11 855

2 Trigonometrische Funktionen

2.4 Definition von Sinus und Kosinus eines Winkels am Einheitskreis (Blatt 1)

Ein Kreis mit dem Radius r = 1 LE wird als Einheitskreis bezeichnet.

Im rechtwinkligen Dreieck OQP mit den Strecken OP = r =1, Strecke OQ = u und Strecke QP = v gilt:

sin α = v

cos α = u

tan α = v / u = sin α / cos α

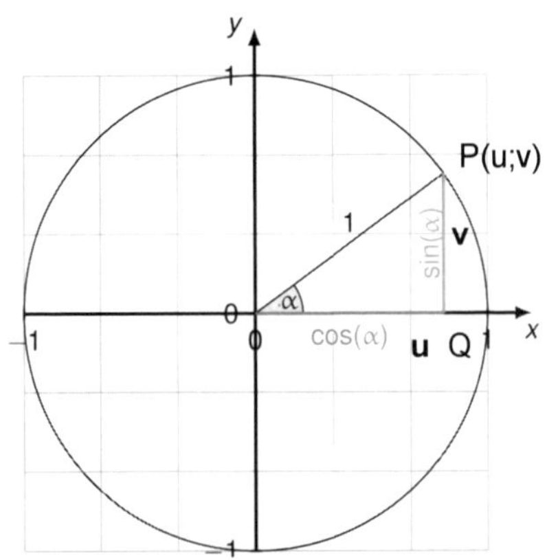

Der Vorteil dieser Definition am Einheitskreis ist, dass nun auch Sinus, Kosinus und Tangens von beliebigen Winkeln, die auch über den Vollwinkel von 2 π (bzw. 360°) hinausgehen, ermittelt werden können. Die zugehörigen Sinuswerte (Kosinus- und Tangenswerte) wiederholen sich nun periodisch. Man kann auch im mathematisch negativen Sinn drehen; man erhält dann negative Zahlen für die Winkelgrößen, woraus folgt, dass als Definitionsmenge der gesamte Bereich der reellen Zahlen **R** zur Verfügung steht.

Aufgabe 1: *Was folgt aus dieser Definition für sin 0°, sin 90°, cos 0°, cos 90°, tan 0° und tan 90°?*
Beantworte diese Frage durch Betrachten von u und v am Einheitskreis ohne Verwendung des Taschenrechners.

α	sin α	cos α	tan α
0°	0	1	0
90°			

Aufgabe 2: *Weise anhand entsprechender Dreiecke am Einheitskreise nach, dass die unten angegebenen Beziehungen gelten.*
Markiere dazu die passenden Dreiecke in der Abbildung.

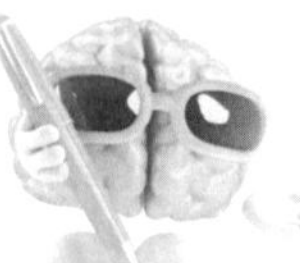

1) sin (180° - α) = sin α

2) sin (180° + α) = - sin α

3) cos (360°- α) = cos α

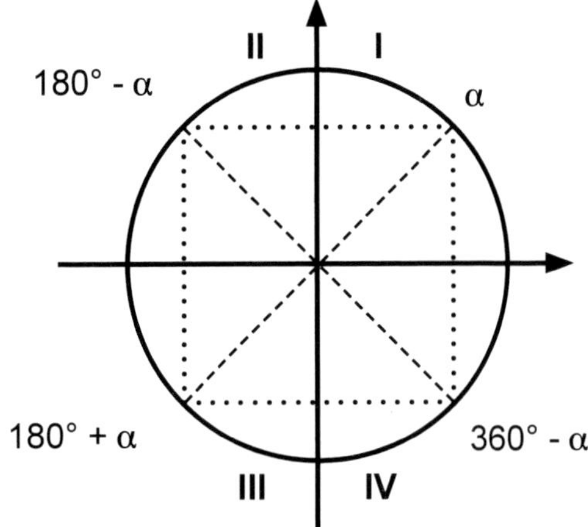

2.4 Definition von Sinus und Kosinus eines Winkels am Einheitskreis (Blatt 2)

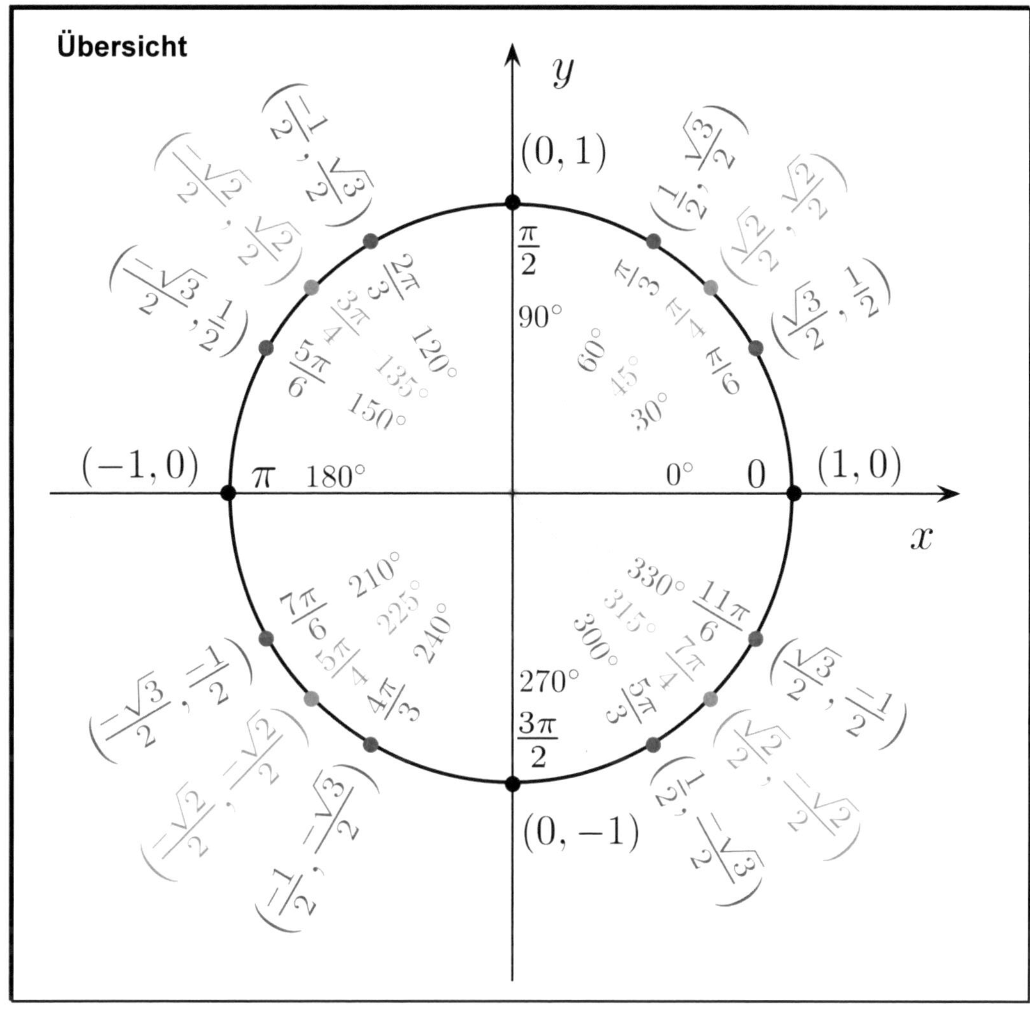

Aufgabe 3: *Ergänze jeweils das fehlende Winkelmaß (Gradmaß bzw. Bogenmaß) und bestimme sin α und cos α sowohl exakt als auch mit dem Taschenrechner auf vier Stellen nach dem Komma genau (vierte Stelle runden). Nutze dazu auch obenstehende Übersicht.*

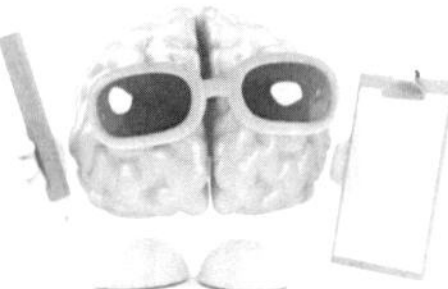

α	im Gradmaß	45°	60°			210°		480°	
	im Bogenmaß	$\frac{\pi}{4}$		$\frac{\pi}{2}$	$\frac{5\pi}{6}$		$\frac{5\pi}{3}$		$\frac{19\pi}{6}$
sin α	exakter Wert	$\frac{1}{2} \cdot \sqrt{2}$							
	Dezimalzahl ≈	0,7071							
cos α	exakter Wert	$\frac{1}{2} \cdot \sqrt{2}$							
	Dezimalzahl ≈	0,0701							

KOHL VERLAG Kurvendiskussion / Trigonometrische Funktionen – Bestell-Nr. 11 855

2 Trigonometrische Funktionen

2.5 Die Sinusfunktion f(x) = sin x (Blatt 1)

Aufgabe 1: *Der Mittelpunkt des Einheitskreises sei M. Zeichne die Strecken MP_1, MP_2, ... und MP_8. Der Winkel, welchen beispielsweise die Strecke MP_2 mit der Strecke MP_1 einschließt, beträgt $\alpha_1 = 30°$ bzw. im Bogenmaß $x_1 = \frac{\pi}{6}$; die Ordinate v_1 des Punktes P_1 beträgt 0,5. usw. Ordne für jeden markierten Punkt P dem zugehörigen Winkel x die entsprechende Ordinate v zu und trage die geordneten Paare (x; f(x) = v = sin x) als Punkte im Koordinatensystem ein.*
Ergänze gegebenenfalls weitere Wertepaare (x; f(x) = v = sin x) und verbinde die Punkte im Koordinatensystem zu einer kontinuierlichen Linie.

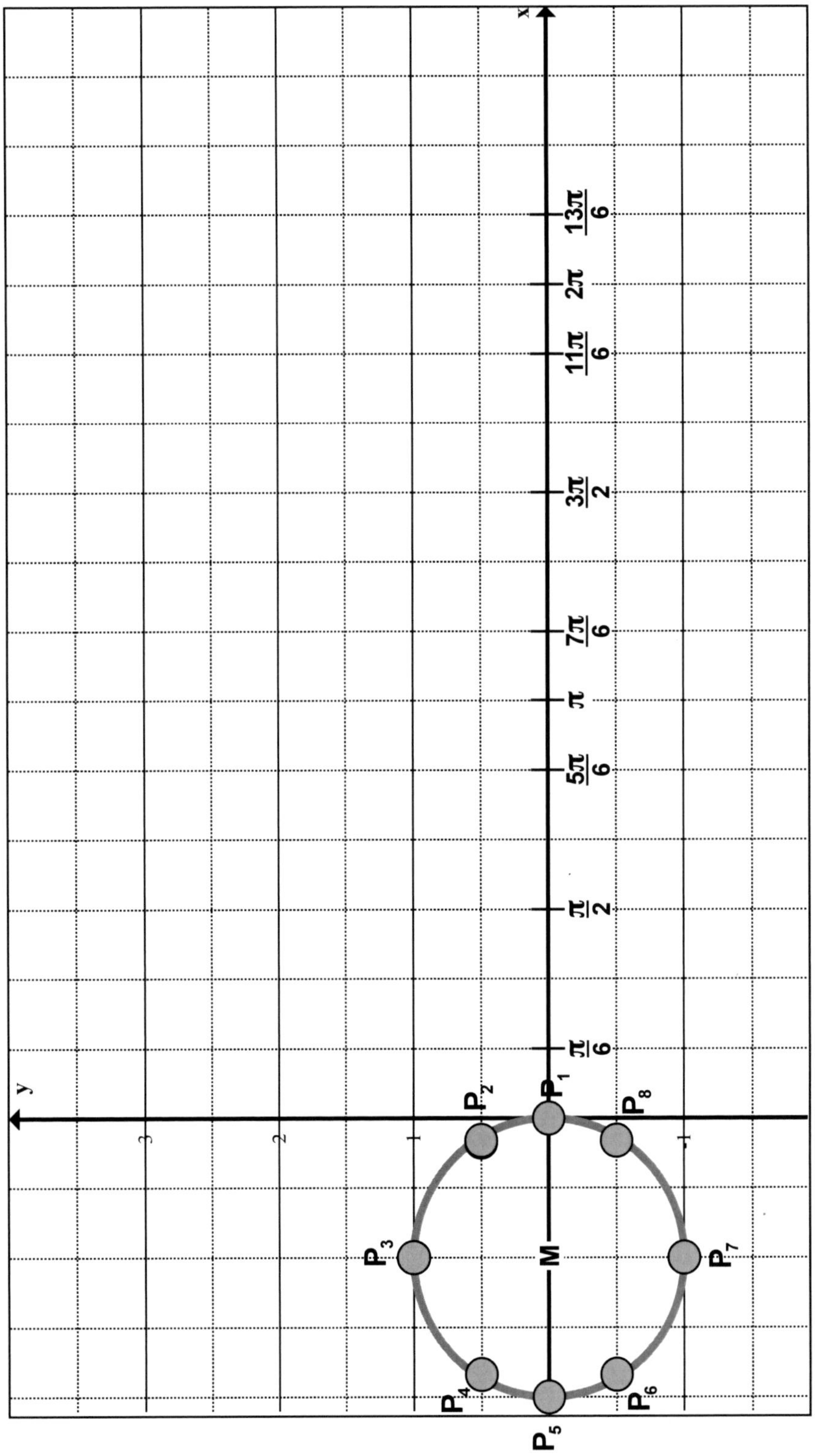

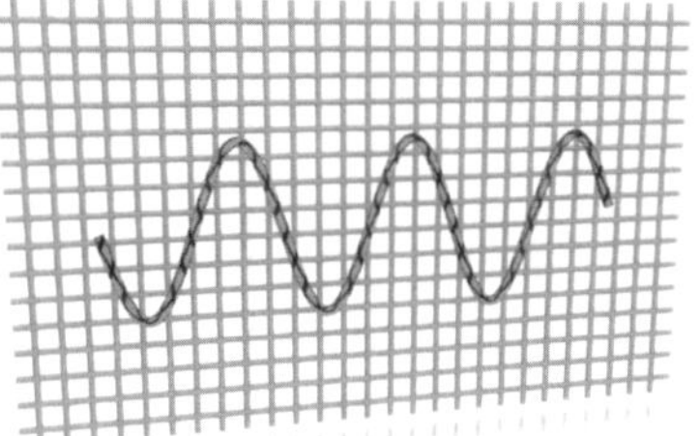

Zur Erinnerung

Eine Winkelgröße ist dann positiv, wenn die Drehung des Strahls im mathematisch positiven Drehsinn – also entgegengesetzt der Drehung des Uhrzeigers – erfolgt.

2.5 Die Sinusfunktion f(x) = sin x (Blatt 2)

Aufgabe 2: *Zeichne den Graph der Funktion f(x) = sin x unter Einbeziehung negativer x-Werte in dem erweiterten Intervall [$-2\pi \leq x \leq 2\pi$]. Erstelle dazu mit Hilfe des Taschenrechners eine Wertetabelle.*

x	-2π	$\frac{-7\pi}{4}$	$\frac{-3\pi}{2}$	$\frac{-5\pi}{4}$					
f(x) = sin x									

x									
f(x) = sin x									

Eine Winkelgröße ist dann negativ, wenn die Drehung des Strahls im mathematisch negativen Drehsinn – also mit der Drehung des Uhrzeigers – erfolgt.

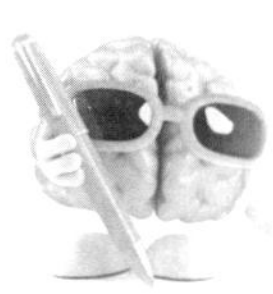

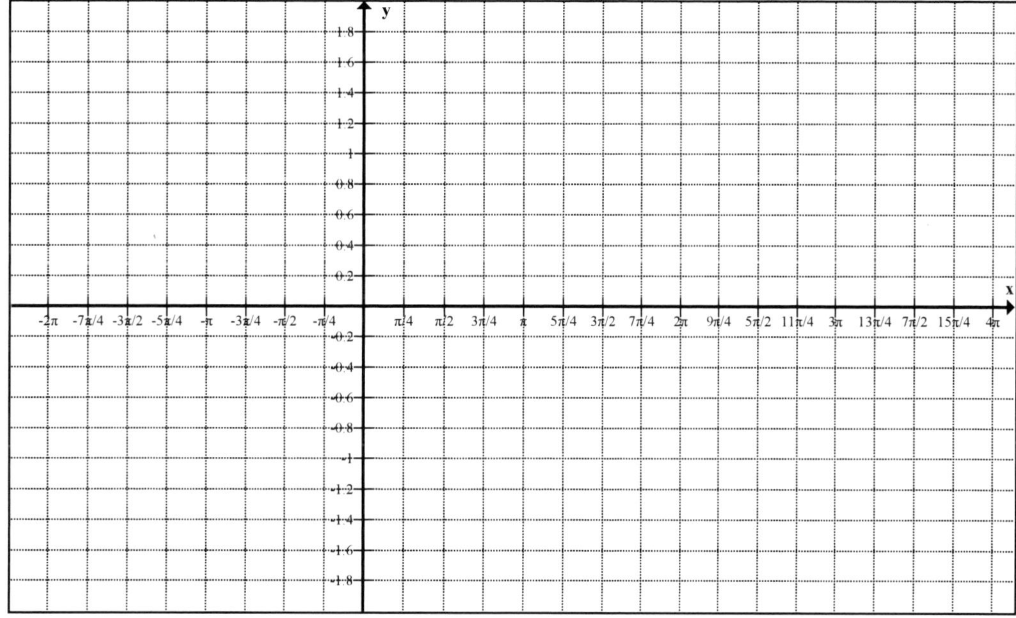

Aufgabe 3: ***a)*** *Gib alle Nullstellen der Funktion f(x) = sin x im Intervall [$-2\pi \leq x \leq 2\pi$] an.*

____

b) *Welche Nullstellen hat vermutlich die Sinusfunktion im gesamten Definitionsbereich?*

____

KOHL VERLAG Kurvendiskussion / Trigonometrische Funktionen – Bestell-Nr. 11 855

2 Trigonometrische Funktionen

2.5 Die Sinusfunktion f(x) = sin x (Blatt 3)

Aufgabe 4: *An welchen n x hat die Sinusfunktion f(x) = sin x den Funktionswert y = 0,8?*

a) *Ermittle die Lösungen im Intervall $[-2\pi \leq x \leq 2\pi]$ zunächst zeichnerisch.*

____

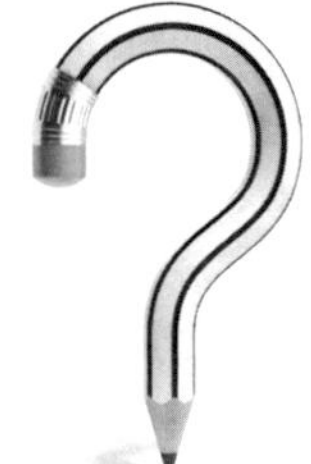

b) *Gib alle Lösungen für $x \in R$ exakt mit Hilfe des Taschenrechners an.*

____

Aufgabe 5: *Untersuche die Sinusfunktion f(x) = sin x auf Symmetrie.*

a) *Vergleiche die Funktionswerte $f(\frac{\pi}{6})$ und $f(\frac{-\pi}{6})$.*

____

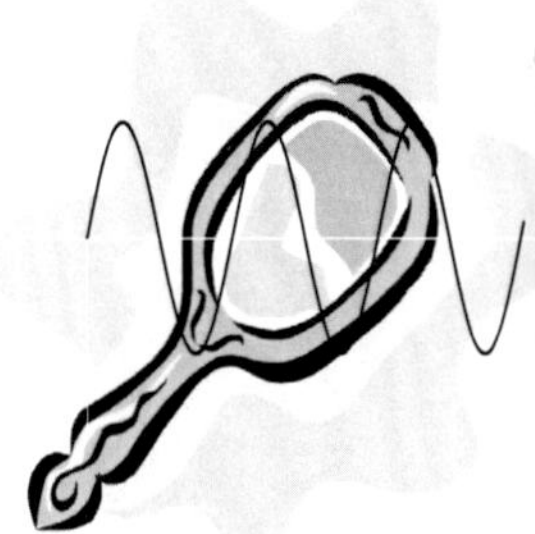

b) *Wähle ein weiteres Beispiel, um die Symmetrieeigenschaft zu untersuchen.*

____

c) *Auf welche Symmetrieeigenschaft der Sinusfunktion lassen die Beispiele verallgemeinernd schließen? Begründe die Symmetrieeigenschaft am Einheitskreis.*

____

____

Aufgabe 6: *Welche typischen Eigenschaften hat die Sinusfunktion? Vervollständige die Übersicht.*

f(x) = sin x		**Formeln**
Definitionsbereich	D = R	
Wertebereich		
Symmetrie		sin(-x) = ...
kleinste Periode		$\sin(x + 2k\pi)$ = ...
Nullstellen		
Hochpunkte		
Tiefpunkte		

2 Trigonometrische Funktionen

2.6 Modifikation der Sinusfunktion (Blatt 1)

Funktionen vom Typ $g(x) = a \cdot \sin x$

Aufgabe 1: *Untersuche, wie der Graph der Funktion $g(x) = a \cdot \sin x$ aus dem Graphen der Funktion $f(x) = \sin x$ hervorgeht. Skizziere dazu die Graphen folgender Funktionen im Intervall $[0 \leq x \leq 2\pi]$ mittels Wertetabelle.*

x	0	$\frac{\pi}{6}$	$\frac{\pi}{2}$	$\frac{5\pi}{6}$	π	$\frac{7\pi}{6}$	$\frac{3\pi}{2}$	$\frac{11\pi}{6}$	2π
$g_1(x) = 2 \cdot \sin x$									
$g_2(x) = 3 \cdot \sin x$									
$g_3(x) = -2 \cdot \sin x$									

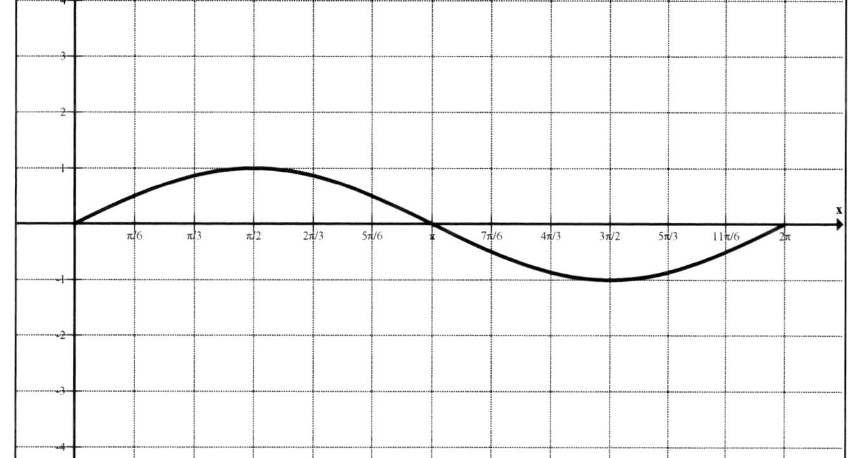

Der Faktor a beeinflusst die **Amplitude** der Funktion **$g(x) = a \cdot \sin x$.**
Der Graph g geht aus dem Graph der Funktion $f(x) = \sin x$ durch Streckung in Richtung der y- Achse hervor. Negative Werte von a bewirken außerdem eine Spiegelung des gesamten Graphen an der x-Achse.

Aufgabe 2: *Gib den Wertebereich W folgender Funktionen an:*

a) $g(x) = 0{,}5 \cdot \sin x$, W [______________]

b) $g(x) = 2{,}5 \cdot \sin x$, W [______________]

c) $g(x) = - \sin x$ W [______________]

d) $g(x) = - 4 \cdot \sin x$, W [______________]

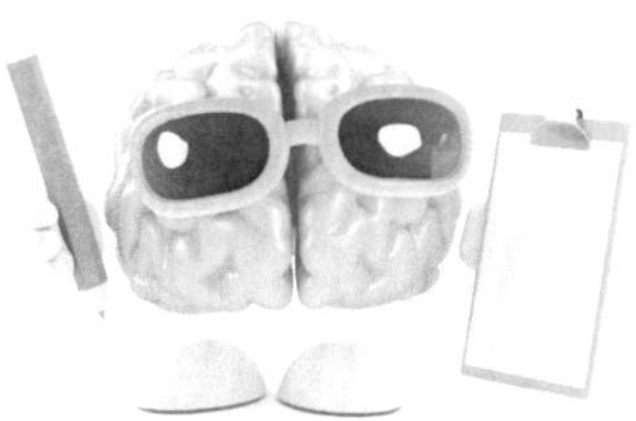

KOHL VERLAG Kurvendiskussion / Trigonometrische Funktionen – Bestell-Nr. 11 855

2 Trigonometrische Funktionen

2.6 Modifikation der Sinusfunktion (Blatt 2)

Funktionen vom Typ g(x) = sin (b · x)

Aufgabe 3: *Untersuche, wie der Graph der Funktion $g(x) = \sin(b \cdot x)$ aus dem Graphen der Funktion $f(x) = \sin x$ hervorgeht. Skizziere dazu die Graphen folgender Funktionen im Intervall $[0 \le x \le 4\pi]$ mittels Wertetabelle.*

x	**0**	$\frac{\pi}{4}$	$\frac{\pi}{2}$	$\frac{3\pi}{4}$	π	$\frac{5\pi}{4}$	$\frac{3\pi}{2}$	$\frac{7\pi}{4}$	2π
$g_1(x) = \sin(2x)$									
$g_2(x) = \sin(0{,}5x)$									

Fortsetzung

x	2π	$\frac{9\pi}{4}$	$\frac{5\pi}{2}$	$\frac{11\pi}{4}$	3π	$\frac{13\pi}{4}$	$\frac{7\pi}{2}$	$\frac{15\pi}{4}$	4π
$g_1(x) = \sin(2x)$									
$g_2(x) = \sin(0{,}5x)$									

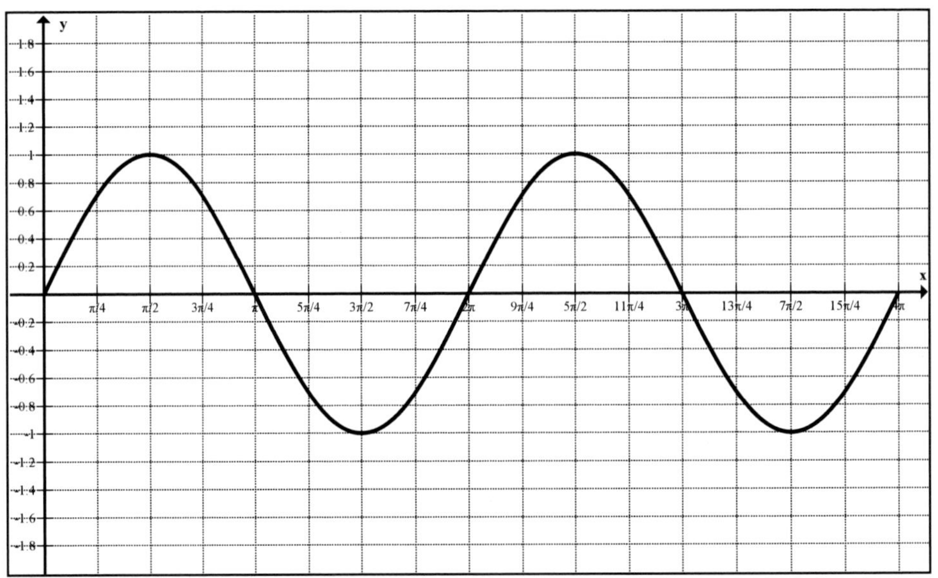

Die Funktion $g(x) = \sin(b \cdot x)$, $b > 0$ geht aus dem Graph der Funktion $f(x) = \sin x$ durch Stauchung oder Streckung in Richtung der x-Achse hervor, was zu einer **Periodenänderung** führt. Die Periode beträgt **$2\pi/b$.**

Aufgabe 4: *Wie heißt die kleinste Periode der Funktion $g(x) = \sin(\pi \cdot x)$?*

____

2 Trigonometrische Funktionen

2.6 Modifikation der Sinusfunktion (Blatt 3)

Funktionen vom Typ g(x) = sin (x + c)

Aufgabe 5: *Untersuche, wie der Graph der Funktion g(x) = sin (x + c) aus dem Graphen der Funktion f(x) = sin x hervorgeht. Skizziere dazu die Graphen der Funktionen $g_1(x) = \sin(x + \pi)$ und $g_2(x) = \sin(x - \frac{\pi}{2})$ im Intervall $[0 \leq x \leq 3\pi]$ mittels Wertetabelle.*

x	0	$\frac{\pi}{6}$	$\frac{\pi}{2}$	$\frac{5\pi}{6}$	π	$\frac{7\pi}{6}$	$\frac{3\pi}{2}$	$\frac{11\pi}{6}$	2π
$g_1(x) = \sin(x + \pi)$									
$g_2(x) = \sin(x - \frac{\pi}{2})$									

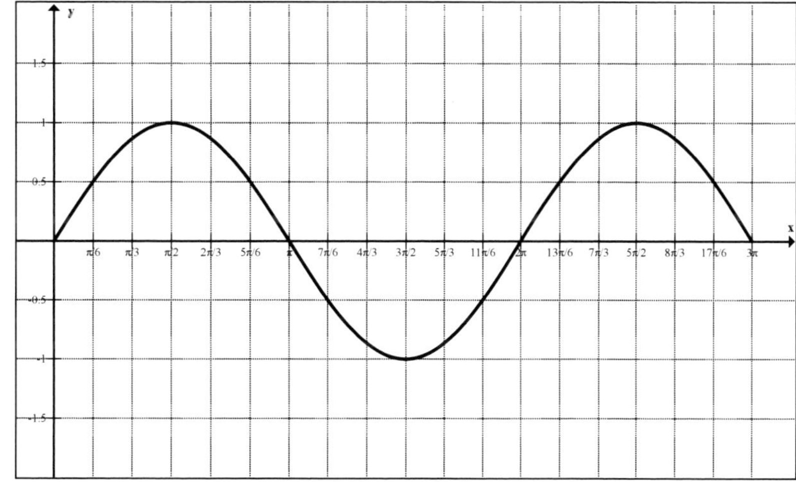

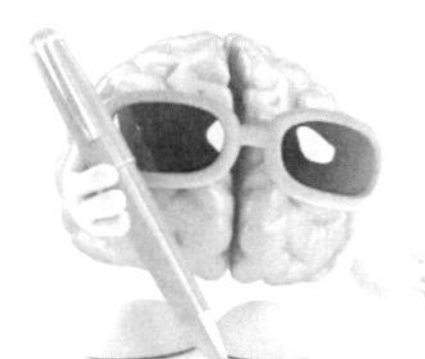

Der Graph der Funktion g(x) = sin (x + c) geht aus dem Graph der Funktion f(x) = sin x durch Verschiebung um -c in Richtung der x-Achse hervor. Man spricht von einer **Phasenverschiebung**, die bewirkt, dass bei positivem c die Funktionswerte g(x) um c Einheiten weiter links angenommen werden wie die gleichen Funktionswerte der Funktion f(x); analog bei negativem c um c Einheiten weiter rechts.

Aufgabe 6: *Welche Aussagen sind wahr? Setze „X".*

- ☐ **A** Die Funktion g(x) = sin (x + 3) hat im Vergleich zu Funktion f(x) = sin x eine gestreckte (verdreifachte) Amplitude.
- ☐ **B** Die Funktion g(x) = sin (x + 2) hat die kleinste Periode π.
- ☐ **C** Weder Periode noch Amplitude der Funktion g(x) = sin (x + 1) unterscheiden sich von Periode und Amplitude der Funktion f(x) = sin x.
- ☐ **D** Der Graph der Funktion g(x) = sin (x + 0,5) ist aus dem Graph der Funktion f(x) = sin x durch Verschiebung um -0,5 in Richtung der x-Achse hervorgegangen.
- ☐ **E** Der Graph der Funktion g(x) = sin (x + 0,5) ist aus dem Graph der Funktion f(x) = sin x durch Verschiebung um +0,5 in Richtung der x-Achse hervorgegangen.

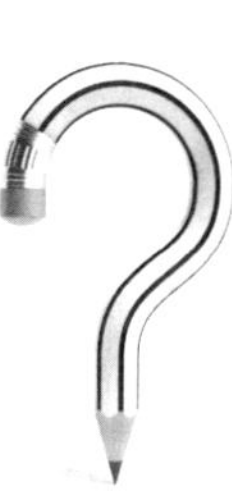

KOHL VERLAG Kurvendiskussion / Trigonometrische Funktionen – Bestell-Nr. 11 855

2 Trigonometrische Funktionen

2.6 Modifikation der Sinusfunktion (Blatt 4)

Funktionen vom Typ g(x) = sin x + d

Aufgabe 7: *Untersuche, wie der Graph der Funktion g(x) = sin x + d aus dem Graphen der Funktion f(x) = sin x hervorgeht. Skizziere dazu die Graphen der Funktionen $g_1(x) = \sin x + 2$, $g_2(x) = \sin x + 1$ und $g_3(x) = \sin x - 3$ im Intervall $[0 \leq x \leq 2\pi]$ mittels Wertetabelle.*

x	0	$\frac{\pi}{6}$	$\frac{\pi}{2}$	$\frac{5\pi}{6}$	π	$\frac{7\pi}{6}$	$\frac{9\pi}{6}$	$\frac{11\pi}{6}$	2π
$g_1(x) = \sin x + 2$									
$g_2(x) = \sin x + 1$									
$g_3(x) = \sin x - 3$									

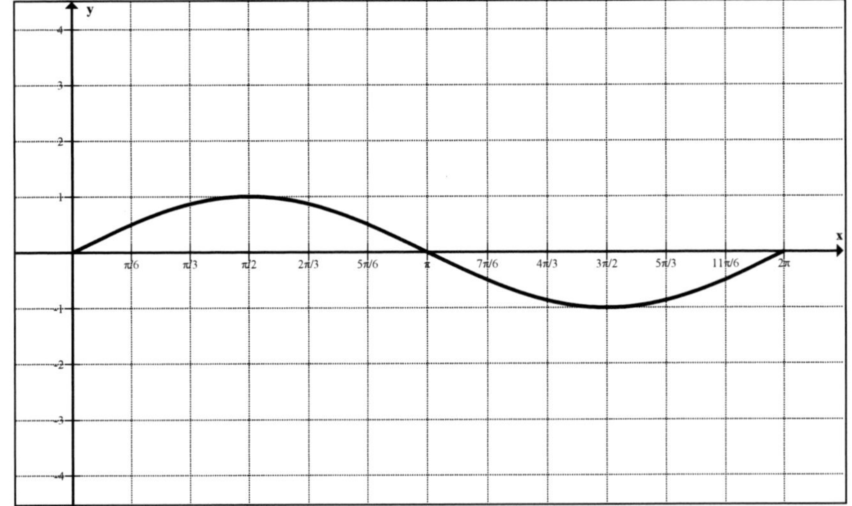

Der Graph der Funktion g(x) = sin x + d geht aus dem Graph der Funktion f(x) = sin x durch Verschiebung um c in Richtung der y-Achse hervor.
Die Periode wird dadurch nicht verändert.

Aufgabe 8: *Gib den Wertebereich der Funktion g(x) = sin x -1 an.*

____

Aufgabe 9: *Nimm Stellung zu folgender Behauptung:
„Der Graph der Funktion g(x) = sin(x -3) + 3 ist identisch mit dem Graph der Funktion f(x) = sin x, weil -3 + 3 = 0 gilt.“*

____

____

____

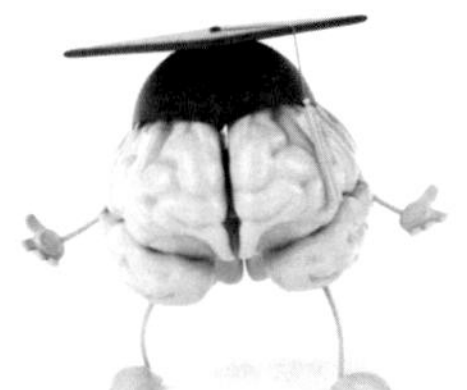

2 Trigonometrische Funktionen

2.7 Kombination von Modifikationen der Sinusfunktion

Aufgabe 1: *Die folgende Grafik zeigt den Graph einer Funktion vom Typ Funktion $f(x) = a \cdot \sin(b \cdot x)$. Lies die Amplitude a und die Periode p aus der Graphik ab. Berechne anhand der Periode p den Faktor b und gib die Funktionsgleichung an.*

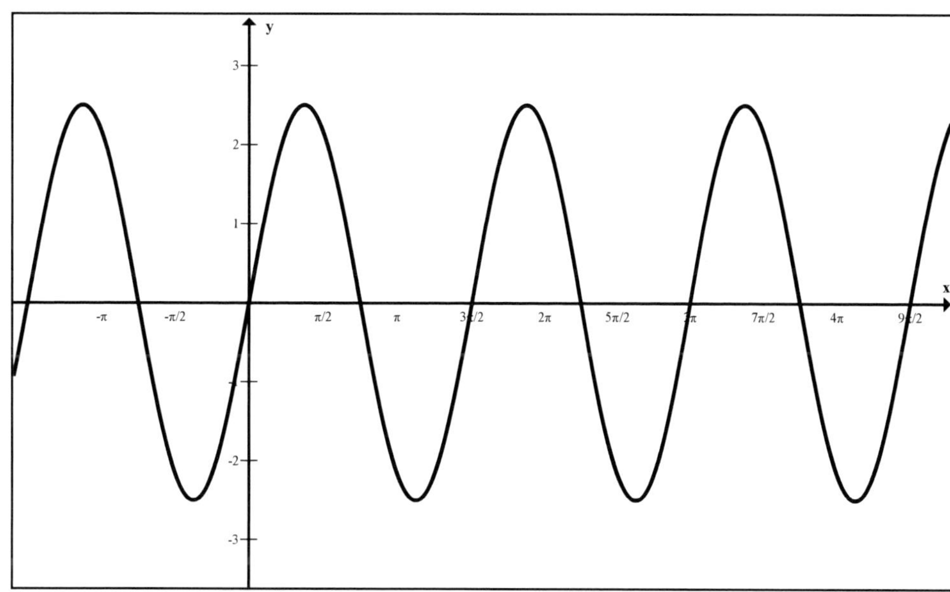

a = ________

p = ________

Aus $p = \frac{2\pi}{b}$ folgt b = ___________ = ________

Aufgabe 2: ***a)*** *Skizziere in das Koordinatensystem oben den Graph der Funktion $g(x) = -2{,}5 \cdot \sin(\frac{4}{3} \cdot x) + 0{,}5$.*

b) *Gib den Wertebereich der Funktion $g(x) = -2{,}5 \cdot \sin(\frac{4}{3} \cdot x) + 0{,}5$ an.*

____

Aufgabe 3: *Welche Aussagen sind wahr? Setze „X“.*

☐ **A** Die Funktion $h(x) = 2 \cdot \sin(0{,}5 \cdot x)$ hat die kleinste Periode $p = 4\pi$.

☐ **B** Die kleinste Periode der Funktion $h(x) = 2 \cdot \sin(0{,}5 \cdot x)$ ist π.

☐ **C** Die Periode der Funktion $h(x) = 2 \cdot \sin(0{,}5 \cdot x)$ unterscheidet sich nicht von der Periode und der Funktion $f(x) = \sin x$, weil gilt: $2 \cdot 0{,}5 = 1$.

☐ **D** Der Wertebereich der Funktion $h(x) = 2 \cdot \sin(0{,}5 \cdot x)$ ist $W = [-2 \leq y \leq 2]$.

☐ **E** Der Wertebereich der Funktion $h(x) = 2 \cdot \sin(0{,}5 \cdot x)$ ist $W = [-0{,}5 \leq x \leq 0{,}5]$.

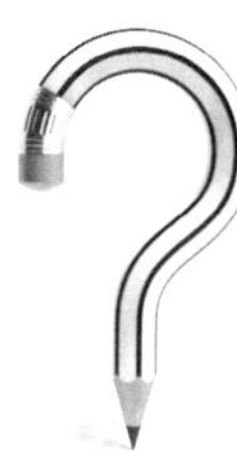

KOHL VERLAG Kurvendiskussion / Trigonometrische Funktionen – Bestell-Nr. 11 855

2 Trigonometrische Funktionen

2.8 Puzzeln mit Sinusfunktionen (Blatt 1)

Aufgabe 1: *Ordne die Funktionsgleichungen den Graphen, welche auf diesem Blatt in einem Koordinatensystem und auf Blatt 2 und 3 in sieben Abbildungen dargestellt sind, passend zu.*

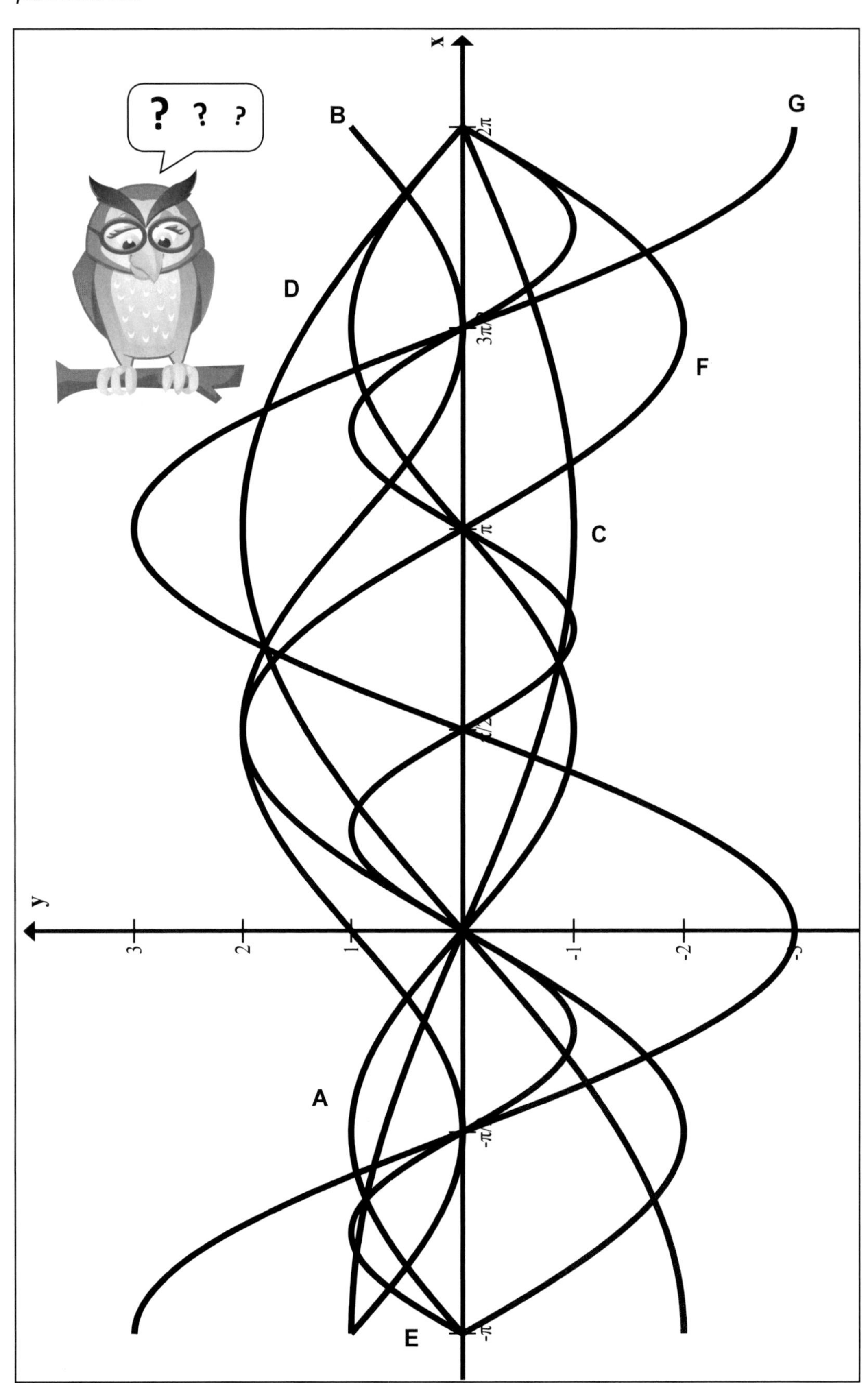

KOHL VERLAG Kurvendiskussion / Trigonometrische Funktionen – Bestell-Nr. 11 855

2 Trigonometrische Funktionen

2.8 Puzzeln mit Sinusfunktionen (Blatt 2)

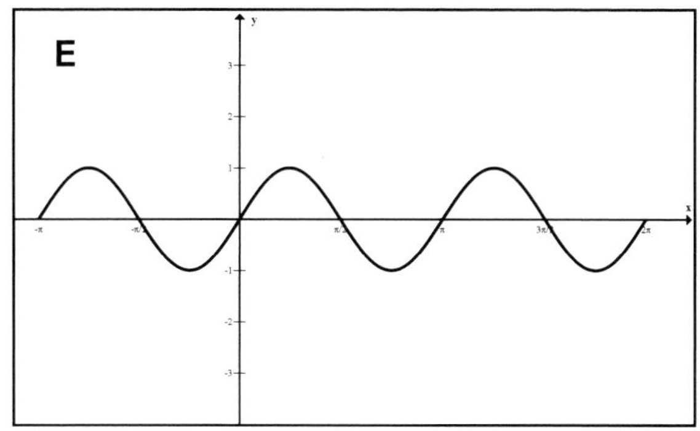

$f_5(x) = -\sin x$

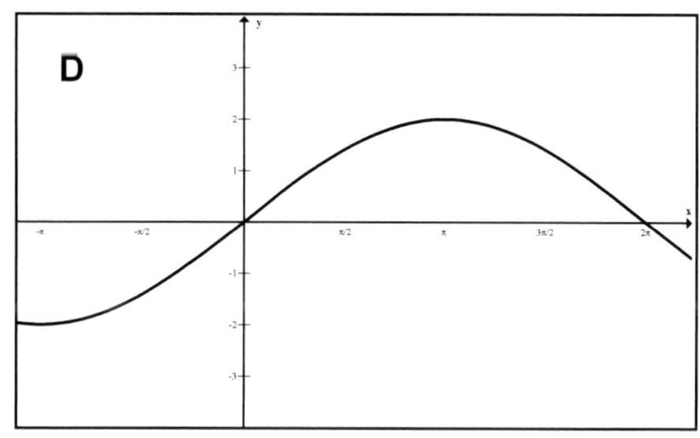

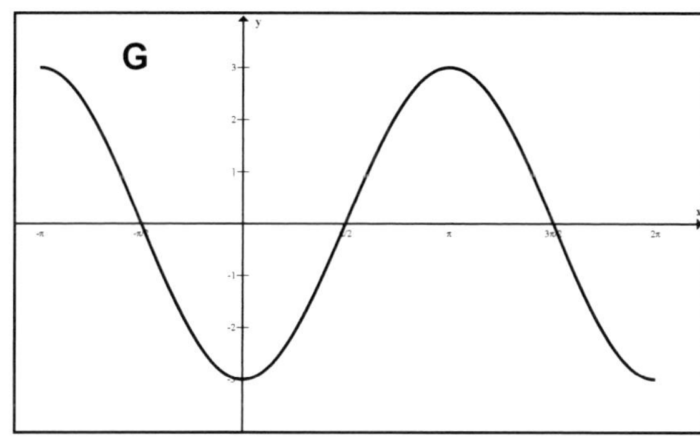

$f_6(x) = 2 \cdot \sin x$

$f_2(x) = 2 \cdot \sin(0{,}5x)$

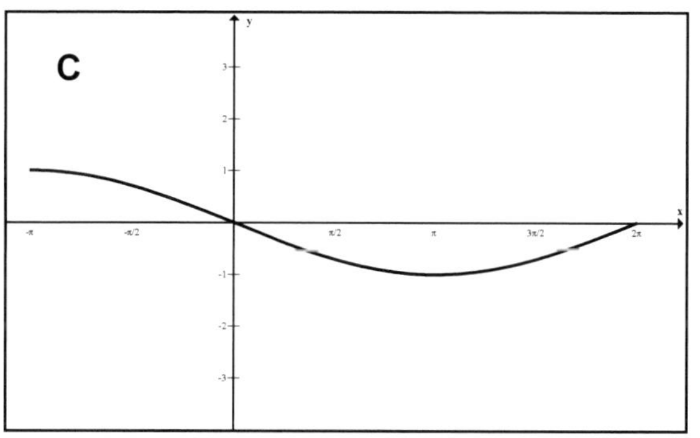

KOHL VERLAG Kurvendiskussion / Trigonometrische Funktionen – Bestell-Nr. 11 855

2 Trigonometrische Funktionen

2.8 Puzzeln mit Sinusfunktionen (Blatt 3)

$f_4(x) = 3 \cdot \sin(x - \frac{\pi}{2})$

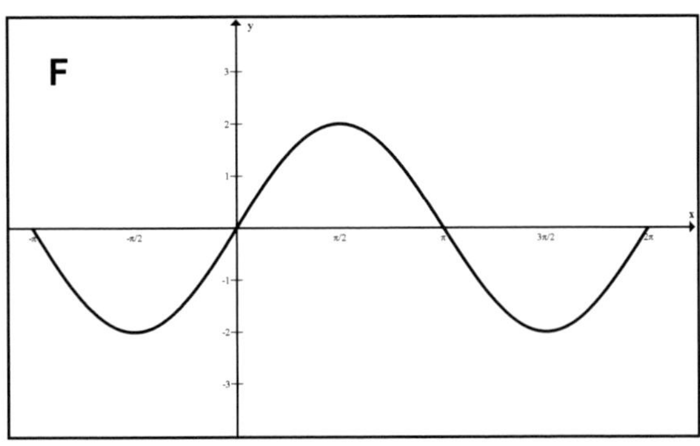

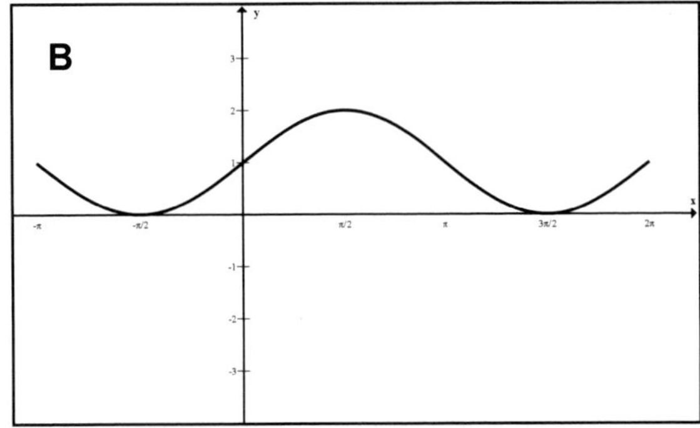

$f_7(x) = -\sin(0{,}5x)$

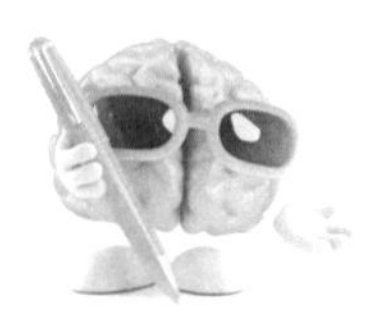

$f_1(x) = \sin(2x)$

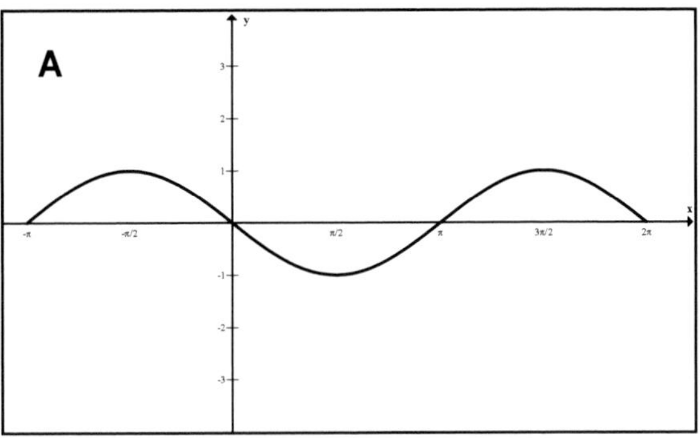

$f_3(x) = \sin x + 1$

Graph	A	B	C	D	E	F	G
Funktion f							

Kurvendiskussion / Trigonometrische Funktionen – Bestell-Nr. 11 855
KOHL VERLAG

2 Trigonometrische Funktionen

2.9 Die Kosinusfunktion f(x) = cos x (Blatt 1)

Aufgabe 1: *Skizziere einen Einheitskreis. Begründe dass gilt:*

a) *cos 0° = 1*

____

____

und

b) *cos 90° = 0*

____

____

Einheitskreis

Aufgabe 2: *In dem Koordinatensystem unten ist der Graph der Funktion f(x) = sin x abgebildet. Zeichne den Graph der Funktion f(x) = cos x im Intervall [$-2\pi \le x \le 2\pi$] in das gleiche Koordinatensystem. Erstelle dazu mit Hilfe des Taschenrechners eine Wertetabelle.*

x	**-2π**	**$\frac{-7\pi}{4}$**	**$\frac{-3\pi}{2}$**	**$\frac{-5\pi}{4}$**	**$-\pi$**	**$\frac{-3\pi}{4}$**	**$\frac{-\pi}{2}$**	**$\frac{-\pi}{4}$**	**0**
fx) = cos x									

x	**0**	**$\frac{\pi}{4}$**	**$\frac{\pi}{2}$**	**$\frac{3\pi}{4}$**	**π**	**$\frac{5\pi}{4}$**	**$\frac{3\pi}{2}$**	**$\frac{7\pi}{4}$**	**2π**
fx) = cos x									

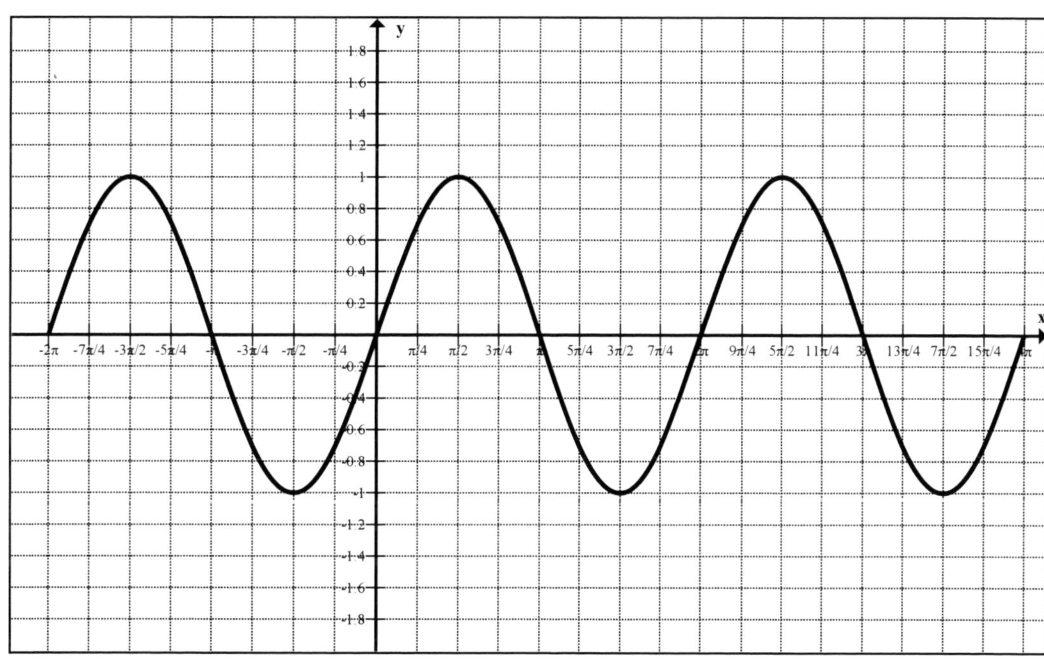

2 Trigonometrische Funktionen

2.9 Die Kosinusfunktion f(x) = cos x (Blatt 2)

Aufgabe 3: ***a)*** *Gib alle Nullstellen der Funktion f(x) = cos x im Intervall* $[-2\pi \leq x \leq 2\pi]$ *an.*

____

b) *Welche Nullstellen hat vermutlich die Kosinusfunktion im gesamten Definitionsbereich?*

____

Aufgabe 4: *Untersuche die Kosinusfunktion f(x) = cos x auf Symmetrie.*

a) *Vergleiche die Funktionswerte* $f(\frac{\pi}{3})$ *und* $f(\frac{-\pi}{3})$.

____

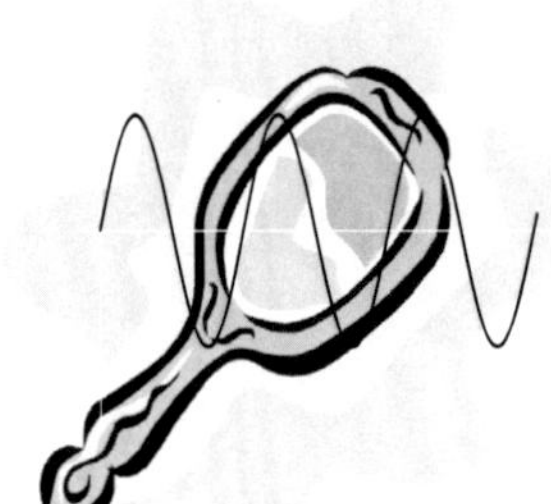

b) *Wähle ein weiteres Beispiel, um die Symmetrieeigenschaft zu untersuchen.*

____

c) *Auf welche Symmetrieeigenschaft der Kosinusfunktion lassen die Beispiele verallgemeinernd schließen? Begründe die Symmetrieeigenschaft am Einheitskreis.*

____

____

Aufgabe 5: *Welche typischen Eigenschaften hat die Kosinusfunktion? Vervollständige die Übersicht.*

f(x) = cos x		**Formeln**
Definitionsbereich		
Wertebereich		
Symmetrie		sin(-x) = …………………
kleinste Periode		sin(x + 2kπ) = ……………
Nullstellen		
Hochpunkte		
Tiefpunkte		

KOHL VERLAG Kurvendiskussion / Trigonometrische Funktionen – Bestell-Nr. 11 855

2.10 Die Tangensfunktion f(x) = tan x (Blatt 1)

Die Wahl des Namen „Tangens“ durch den Mathematiker Thomas Finck, der die Bezeichnung 1583 einführte, erklärt sich unmittelbar durch die Definition am Einheitskreis.

Die Funktionswerte der Tangensfunktion entsprechen der Länge des vom Winkel x (im Bogenmaß) abhängigen Tangentenabschnitts DT.

Gleichfalls gilt: $f(x) = \tan x = \frac{v}{u} = \frac{\sin x}{\cos x}$

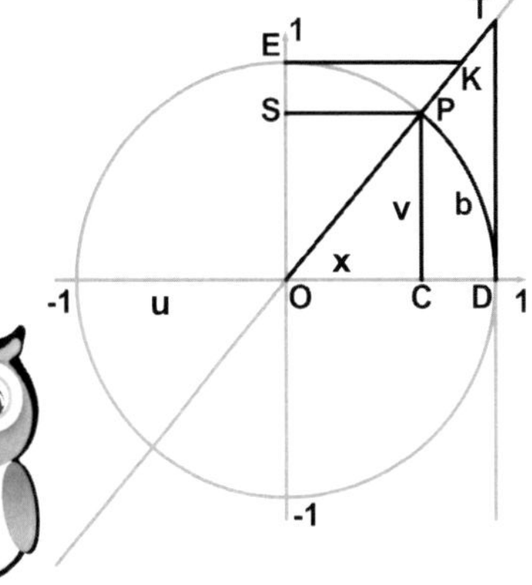

Zur Information:

Die Funktionswerte der nicht mehr in der Schulmathematik verwendeten Kotangensfunktion entsprechen analog der Länge des vom Winkel x (im Bogenmaß) abhängigen Tangentenabschnitts EK.

Aufgabe 1: *Begründe, dass gilt: $\tan(\frac{\pi}{4}) = 1$. Ergänze die Skizze passend.*

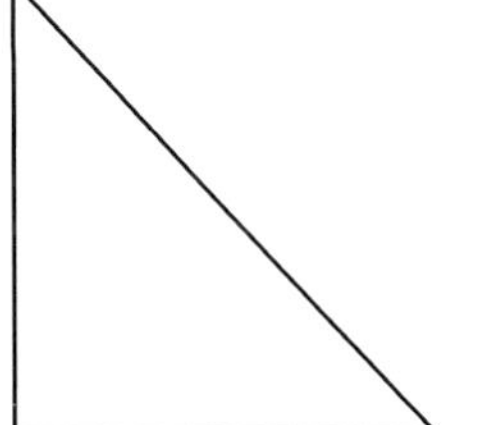

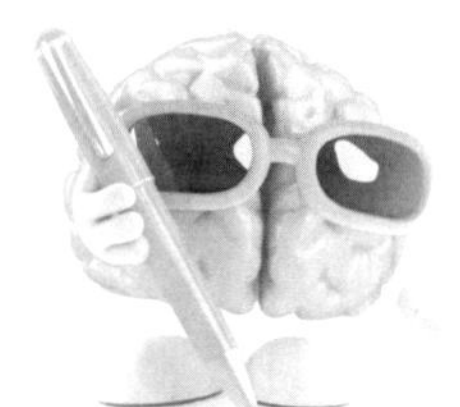

Aufgabe 2: *Warum ist tan x an der Stelle $x = \frac{\pi}{2}$ nicht definiert? Wie verhalten sich die Funktionswerte der Funktion f(x) = tan x bei Annäherung der x-Werte an die Stelle $\frac{\pi}{2}$? Gib die Gleichung der senkrechten Asymptote an.*

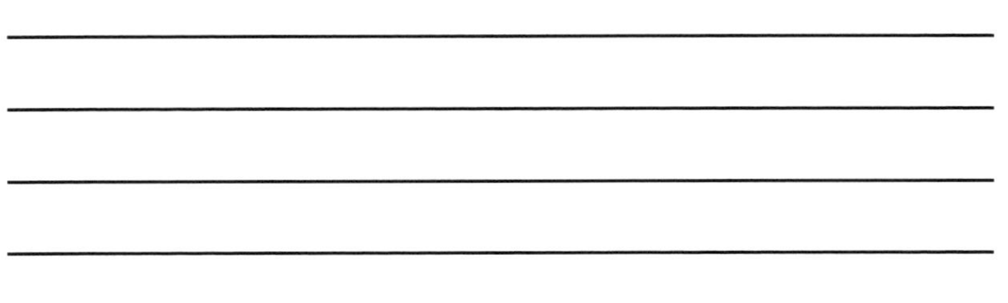

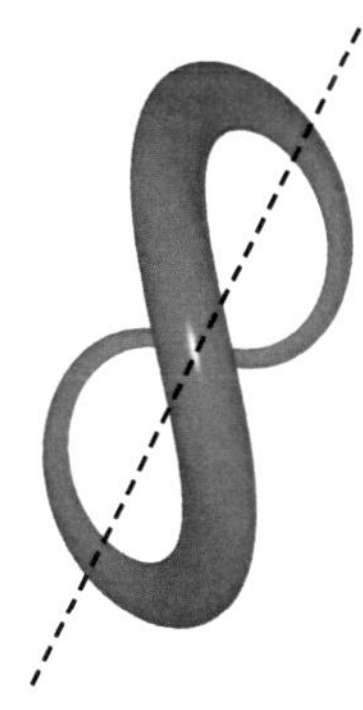

Aufgabe 3: *Welche Symmetrieeigenschaft hat die Funktion f(x) = tan x? Veranschauliche die Symmetrie durch Vergleich der Funktionswerte f(x) und f(-x) an einem selbst gewählten Beispiel.*

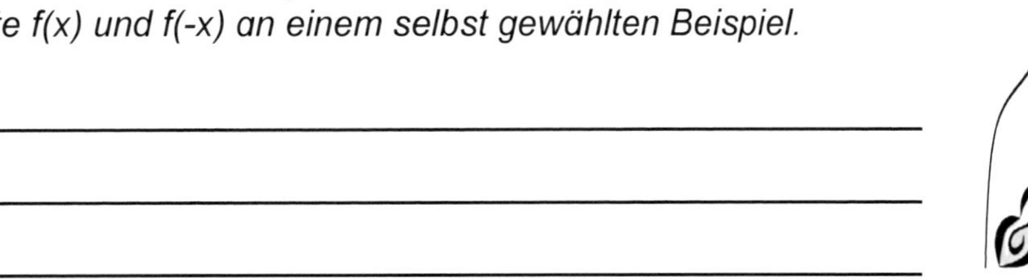

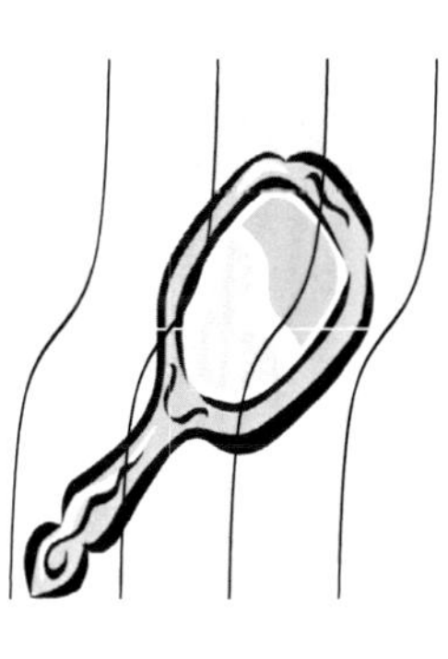

KOHL VERLAG Kurvendiskussion / Trigonometrische Funktionen – Bestell-Nr. 11 855

2.10 Die Tangensfunktion (Blatt 2)

Aufgabe 4: *Was folgt aus der Definition der Tangensfunktion für deren Nullstellen im Vergleich mit den Nullstellen der Sinusfunktion? Gib sämtliche Nullstellen der Funktion f(x) = tan x im Intervall [$-2\pi \leq x \leq 2\pi$] an.*

____

____

____

____

Aufgabe 5: *Ergänze auf der Grundlage der oben erarbeiteten Eigenschaften den Graphen der Funktion f(x) = tan x im Intervall [$\frac{-3\pi}{2} < x < \frac{3\pi}{2}$] in untenstehender Abbildung. Mit Hilfe weiterer mit dem Taschenrechner ermittelter Wertepaare lässt sich der Graph genauer zeichnen.*

x													
f(x) = tan x													

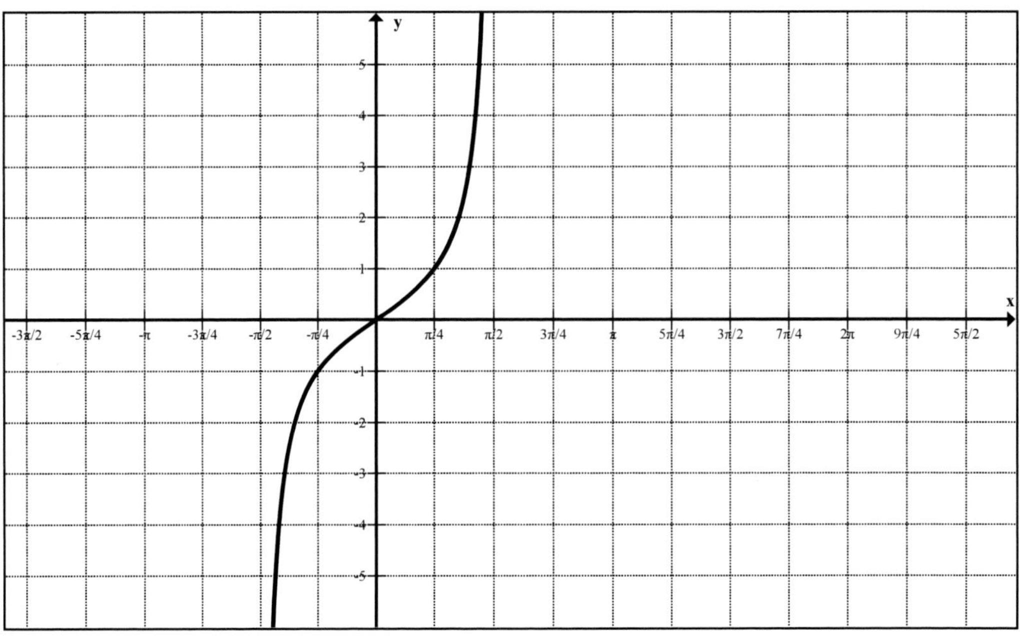

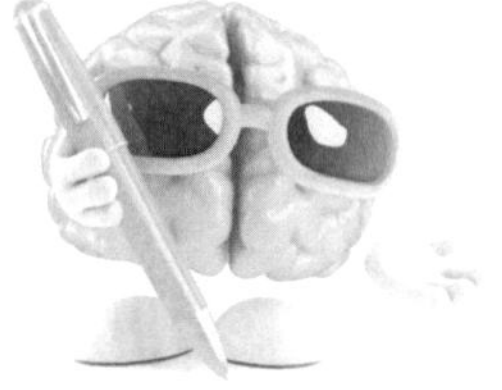

KOHL VERLAG Kurvendiskussion / Trigonometrische Funktionen – Bestell-Nr. 11 855

2 Trigonometrische Funktionen

2.10 Die Tangensfunktion (Blatt 3)

Aufgabe 6: *Welche typischen Eigenschaften hat die Tangensfunktion? Vervollständige die Übersicht.*

f(x) = tanx		Formeln
Definitionsbereich		
Wertebereich		
Symmetrie		
kleinste Periode		
Nullstellen		
Extrempunkte		

Aufgabe 7: *An welcher Stelle x (Winkel im Gradmaß und im Bogenmaß) des Intervalls $[0 \leq x \leq \frac{\pi}{2}]$ nimmt die Tangensfunktion den Wert 100 an? Ermittle das Ergebnis mit Hilfe des Taschenrechners.*

Hinweise:

- *Um bei gegebenem Funktionswert den zugehörigen Winkel zu ermitteln, benötigst du die Tasten (tan) und (INV) (Umkehrfunktion) in Kombination.*
- *Du kannst den Winkel mit dem Taschenrechner beispielsweise im Gradmaß bestimmen und dann mit der bekannten Formel (siehe Kapitel 2.3) ins Bogenmaß umrechnen oder aber über die Einstellung deines Taschenrechner das Ergebnis im Gradmaß (Einstellung auf „DEG“) oder im Bogenmaß (Einstellung auf „RAD“) ermitteln.*

____

____

Aufgabe 8: *Für welche Winkel (im Gradmaß) nimmt die Tangensfunktion die Werte 1000, 10 000, 100 000 an? Was kannst du für $\lim_{x \to \frac{\pi}{2}} \tan x$ schlussfolgern?*

tan x	1000	10 000	100 000
x in Grad			

____

KOHL VERLAG Kurvendiskussion / Trigonometrische Funktionen – Bestell-Nr. 11 855

2 Trigonometrische Funktionen

2.11 Trigonometrische Gleichungen (Blatt 1)

Aufgabe 1: *Ermittle die Lösungen der folgenden trigonometrischen Gleichungen im Intervall $[0 \le x \le 2\pi]$ graphisch mit Hilfe untenstehender Abbildung.*

a) *sin x = cos x* ______________________________

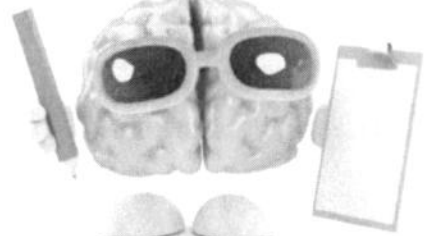

b) *sin x = tan x* ______________________________

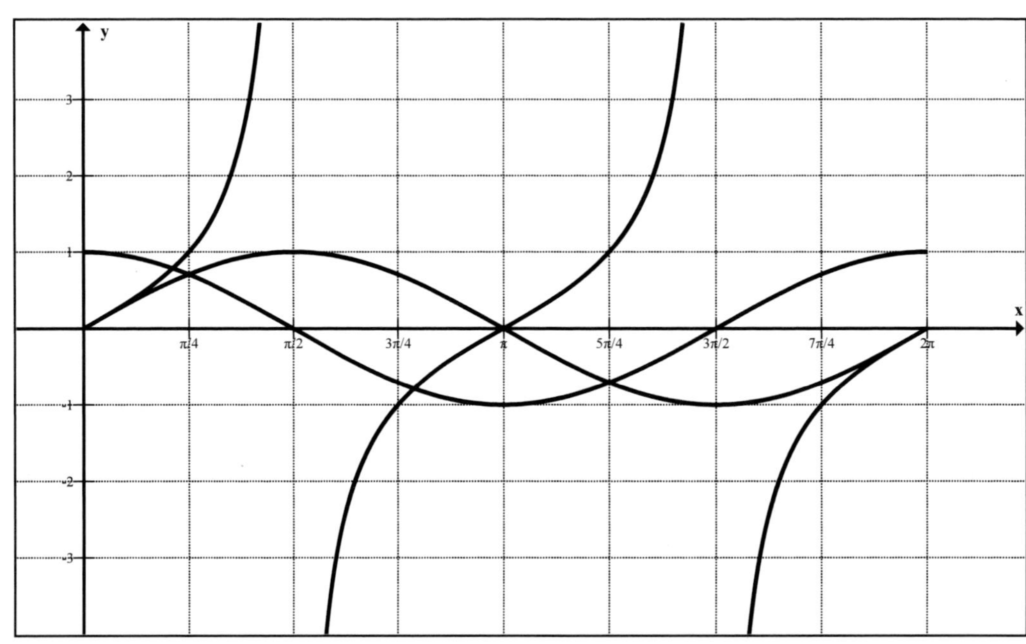

Beispiele für das rechnerische Lösen trigonometrischer Gleichungen

1. Beispiel:
Ermittle alle Lösungen der Gleichung sin x = cos x im Definitionsbereich R.

Lösung:

$\sin x = \cos x$ | Quadrieren

$\sin^2 x = \cos^2 x$ | nach dem trigonometrischem Pythagoras $\sin^2 x + \cos^2 x = 1$ ersetzen wir $\cos^2 x$ durch $1 - \sin^2 x$

$\sin^2 x = 1 - \sin^2 x$ | Umformen

$\sin^2 x = \frac{1}{2}$

$\sin x = \pm \sqrt{\frac{1}{2}}$

$x_1 = \frac{\pi}{4}$ und $x_2 = \frac{3\pi}{4}$ sind Basislösungen im Intervall $[0 \le x \le 2\pi]$

$x_1 = \frac{\pi}{4} + 2k\pi$ und $x_2 = \frac{3\pi}{4} + 2k\pi$, $k \in Z$ sind Lösungen in R

2.11 Trigonometrische Gleichungen (Blatt 2)

Beispiele für das rechnerische Lösen trigonometrischer Gleichungen

1. Beispiel:
Ermittle alle Lösungen der Gleichung $0{,}8 \cdot \sin(0{,}25 \cdot x) + 3 = 3{,}2$ im Definitionsbereich R.

Lösung:

$0{,}8 \cdot \sin(0{,}25 \cdot x) + 3 = 3{,}2$ | Umformen

$\sin(0{,}25 \cdot x) = 0{,}25$ | Substitution $0{,}25 \cdot x = z$

$\sin z = 0{,}25$

$z_1 \approx 0{,}2527 + 2k\pi$ und $z_2 \approx 2{,}8889 + 2k\pi$

nach Resubstitution $x = 4z$ erhält man mit

$x_1 = 1{,}0108 + 8k\pi$ und $x_2 = 11{,}5556 + 8k\pi$ alle Lösungen in R.

Aufgabe 2: *Löse die folgenden trigonometrischen Gleichungen.*

a) *$2 \cdot \sin(\frac{\pi}{3} \cdot x) = \sqrt{3}$, im Intervall $[0 \le x \le \pi]$*

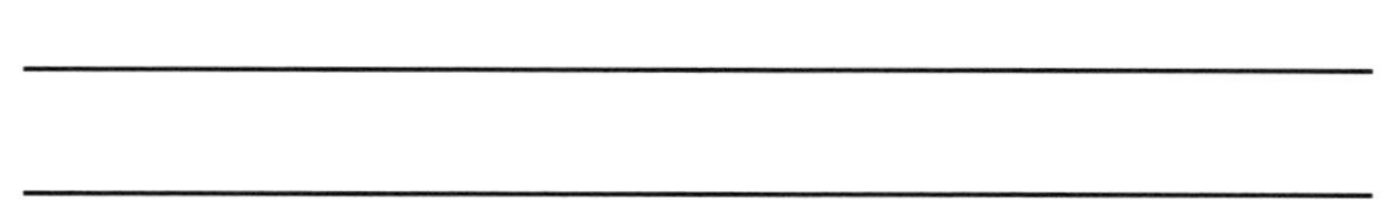

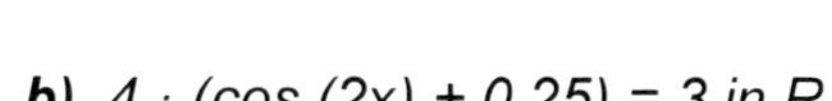

b) *$4 \cdot (\cos(2x) + 0{,}25) = 3$ in R*

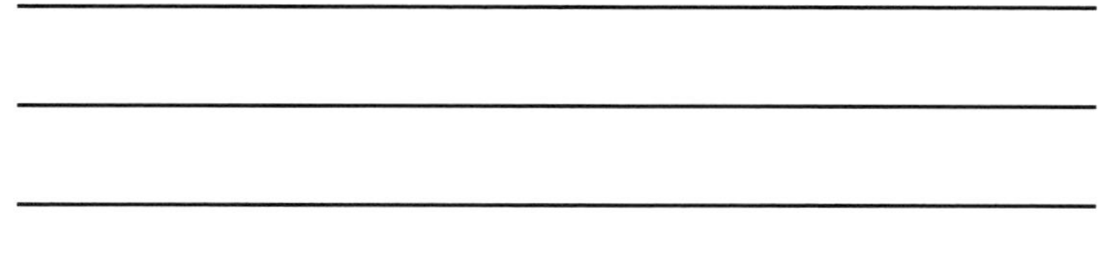

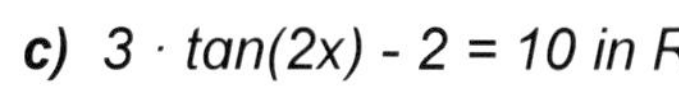

c) *$3 \cdot \tan(2x) - 2 = 10$ in R*

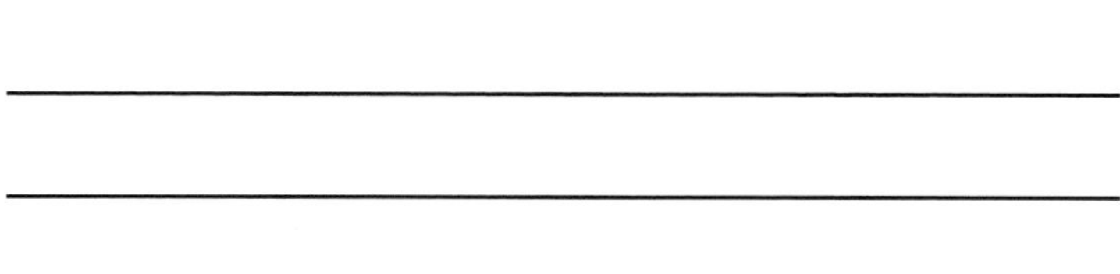

2.12 Beschreibung von Vorgängen in Natur und Technik mit Hilfe von Winkelfunktionen

2.12.1 Die Beschreibung der Tageslänge mit einer Sinusfunktion (Blatt 1)

Aufgabe 1: *Als Tageslänge wird astronomisch die Zeit zwischen Sonnenaufgang und Sonnenuntergang definiert. Wovon ist die Tageslänge abhängig?*

____

____

Da sich die Tageslängen an einem bestimmten Ort periodisch wiederholen, kann die Taglänge mit Hilfe einer Funktion vom Typ

$$y = f(x) = a \cdot \sin(bx) + d$$

modelliert werden.

In einem Ort in der Eifel wurden folgende Taglängen ermittelt:

Datum	21. März	21. Juni		21. Dezember
Tag im Jahr	80	172		355
Taglänge in h	12,27	16,65		7,90

Aus der Kenntnis, dass in Deutschland der 21. Juni der längste Tag ist, folgt, dass das Maximum der Funktion 16,65 Stunden beträgt. Analog ergibt ein Minimum von 7,90 am kürzesten Tag, dem 21. Dezember. Der 21. März ist dann der Tag mit der mittleren Länge. Mit bekannter Periodendauer von 365 Tagen ist es möglich, die Funktionsgleichung für die Taglänge als Funktion der Zeit – gemessen vom „Tag 0" am 21. März – zu ermitteln.

Aufgabe 2: *Erstelle eine angepasste, erweitete Wertetabelle, in welcher die Taglänge der seit dem 21. März (0. Tag des „Sonnenjahres") vergangenen Zeit zugeordnet wird. An welchem Tag hat die Taglänge ebenfalls einen markanten Wert? Ergänze den Tag, den du vom Kalender her kennst, in der freien Spalte der Tabelle.*

Datum	21. März	21. Juni		21. Dezember
Tag	0			
Taglänge in h	12,27			

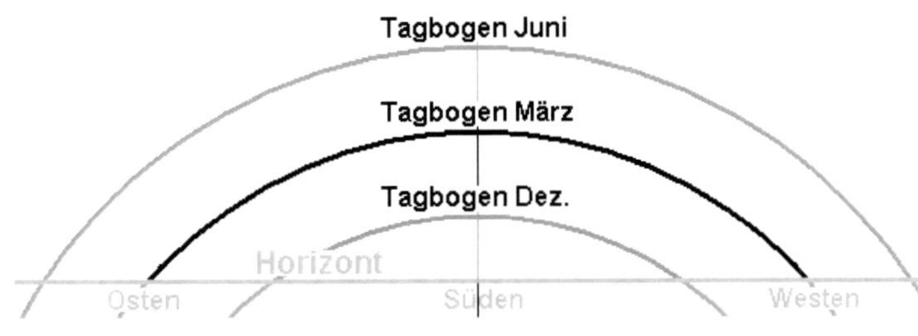

2 Trigonometrische Funktionen

2.12 Beschreibung von Vorgängen in Natur und Technik mit Hilfe von Winkelfunktionen

2.12.1 Die Beschreibung der Tageslänge mit einer Sinusfunktion (Blatt 2)

Aufgabe 3: *Welche Bedeutung kommt den Parametern a, b und d in der Gleichung $y = f(x) = a \cdot \sin(bx) + d$ zu? Bestimme ihre Werte aus den Daten der Tabelle und gib die Funktionsgleichung zur Berechnung der Tageslänge in Stunden in Abhängigkeit von der seit dem 21. März vergangenen Zeit in Tagen an.*

Amplitude a:

$a = \frac{(y_{max} - y_{min})}{2}$ a = ______________________

Bedeutung: ______________________

Mittlere Tageslänge d:

$d = \frac{(y_{max} + y_{min})}{2}$ d = ______________________

Bedeutung: ______________________

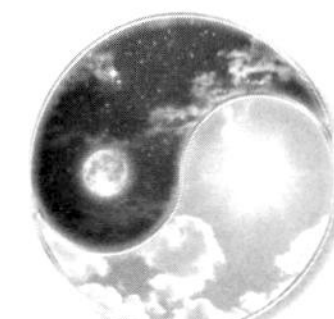

Faktor b:

$b = \frac{2\pi}{p}$ b = ______________________

Bedeutung: ______________________

Funktionsgleichung: ______________________

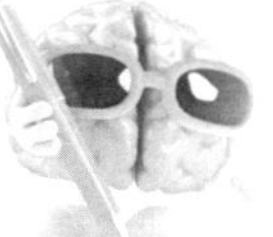

Aufgabe 4: *Beschrifte den Funktionsgraphen. Verwende Maßpfeile, um die Größen a, b und d zu veranschaulichen.*

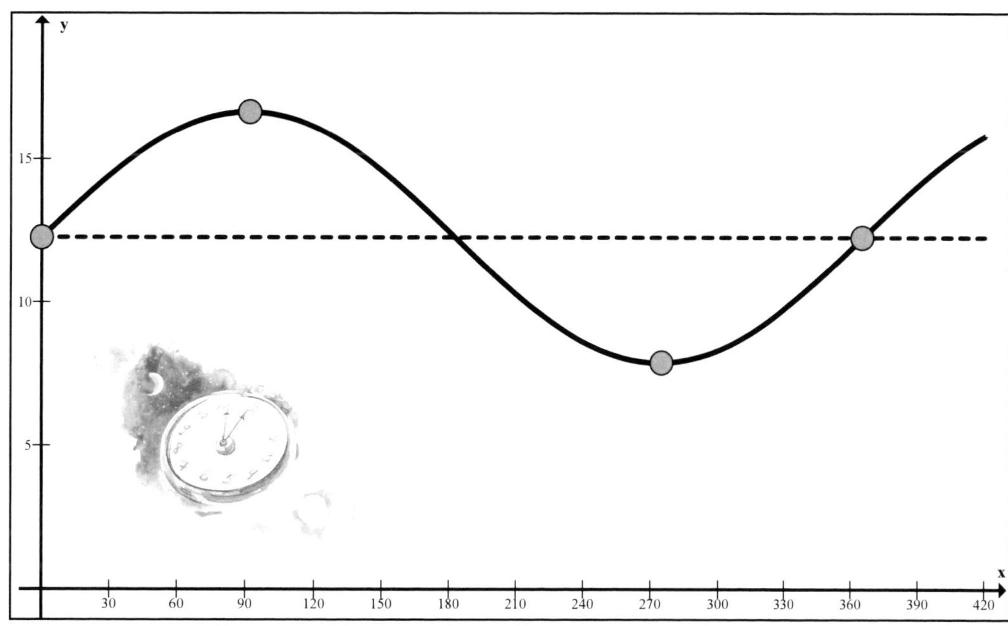

2.12 Beschreibung von Vorgängen in Natur und Technik mit Hilfe von Winkelfunktionen

2.12.2 Tidenkurven der Gezeiten (Blatt 1)

Die Gezeiten oder Tiden sind periodisch auftretende Schwankungen der Wassertiefe an den Küsten der Ozeane, welche als Folge der durch die Gezeitenkräfte von Sonne und Mond verursachten Wasserbewegungen der Ozeane auftreten.

Bedingt durch die Erdrotation steigt und fällt das Wasser an den Küsten innerhalb einer Zeitspanne von 24 Sunden und 50 Minuten zweimal.

Da die Kenntnis der Wasserstände für die Absicherung der Schifffahrt notwendig ist, stehen den Seeleuten Meerestiefenkarten und Tidenkurven zur Verfügung.

Die Höhe des Wasserstandes in Metern über Grund wird für einen Abschnitt vor der Kanal-Küste durch die lokale Tidenfunktion

$$h(t) = 8 - 3{,}5 \cdot \cos\left(\frac{5\pi}{31} \cdot t\right)$$

dargestellt, wobei t die Zeit in Stunden nach dem letzten Niedrigwasser ist.

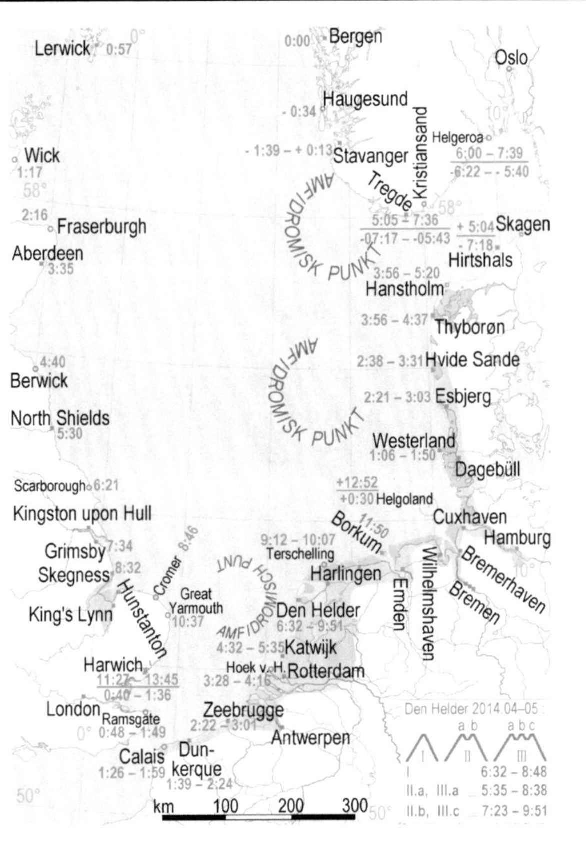

Aufgabe 1: *Wie groß ist der bisher gemessene maximale Tidenhub an der deutschen Nordseeküste? Gib auch die Quelle an, aus welcher du den Messwert entnommen hast?*

____

____

Begriffe zur Beschreibung von Gezeiten
anhand der Pegelstände eines halben Monats

Küstenlinie in Landkarten und Seekarten
Springtide
Nipptide
Springtide
Höchstmöglicher Gezeitenwasserstand = HAT = Highest astronomical tide
MSpHW = Mittleres Springhochwasser = MHWS = Mean high water spring
MHW = Mittleres Hochwasser = MHW = Mean high water
MNpHW = Mittleres Nipphochwasser = MHWN = Mean high water neap
MW = Mittlerer Wasserstand ≈ NN = Normalnull = MSL = Mean sea level
MNpNW = Mittleres Nippniedrigwasser = MLWN = Mean low water neap
MNW = Mittleres Niedrigwasser = MLW = Mean low water
MSpNW = Mittleres Springniedrigwasser = MLWS = Mean low water spring
SKN = Seekartennull = LAT = Lowest Astronomical Tide
verschiedene Mittelwasser
Wattgrenze in Landkarten
Wattgrenze in Seekarten
Wassertiefen
Seekartentiefe
Meerestiefe in Landkarten
FD = Falldauer
SD = Steigdauer
TF = Tidenfall
TS = Tidenanstieg
NWH = Niedrigwasserhöhe
HWH = Hochwasserhöhe
MNpTH = Mittlerer Nipptidenhub = Mean Neap Tidal Range
Maximaler Tidenhub = Maximal Tidal Range
MTH = Mittlerer Tidenhub = Mean Tidal Range
MSpTH = Mittlerer Springtidenhub = Mean Spring Tidal Range
Der Nullpunkt eines Pegels am Meer liegt im Allgemeinen knapp unter dem Seekartennull, in Einzelfällen aber darüber.

2.12 Beschreibung von Vorgängen in Natur und Technik mit Hilfe von Winkelfunktionen

2.12.2 Tidenkurven der Gezeiten (Blatt 2)

Aufgabe 2: ***a)*** *Skizziere die zur Tidenfunktion (siehe Blatt 1) gehörige Tidenkurve für einen Tag in vorgegebenes Koordinatensystem.*

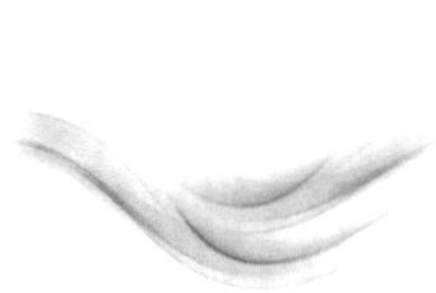

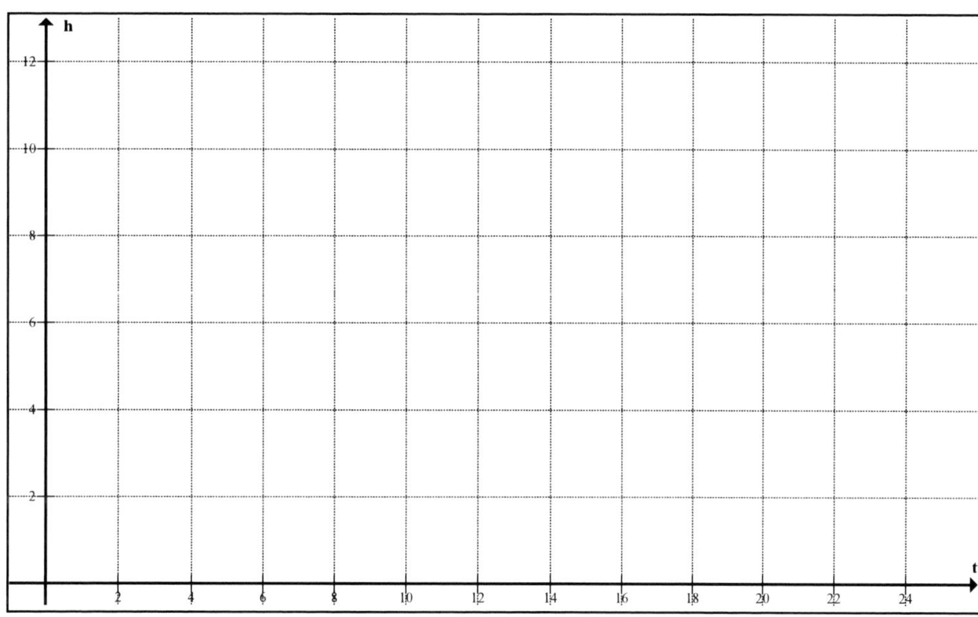

b) *Zu welcher Tageszeit würde Fluthöchststand bzw. Ebbetiefststand sein, wenn das letzte Niedrigstwasser nachts um 2 Uhr war?*

c) *(Für schlaue Seefüchse)*
In welchem Zeitraum kann ein Frachter mit 10 m Tiefgang die Stelle passieren?

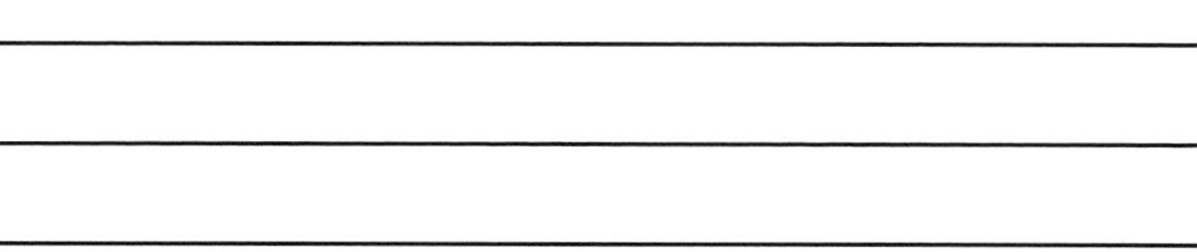

Kurvendiskussion / Trigonometrische Funktionen – Bestell-Nr. 11 855

2.12 Beschreibung von Vorgängen in Natur und Technik mit Hilfe von Winkelfunktionen

2.12.3 Der Federschwinger

Harmonische (ungedämpfte Schwingungen), bei denen die einmal zugeführte Energie erhalten bleibt, lassen sich durch Sinusfunktionen beschreiben.

Im einfachsten Fall ohne Phasenverschiebung gilt:

$$y(t) = y_{max} \cdot \sin(\omega \cdot t) = y_{max} \cdot \sin(2\pi f \cdot t)$$

Dabei bedeuten: $y(t)$ – momentane Auslenkung zum Zeitpunkt t (auch Elongation)

y_{max} – maximale Auslenkung (auch Amplitude)

T – Schwingungsdauer (auch Periodendauer)

$$T = 2\pi \cdot \sqrt{(m/D)}$$

D – Federkonstante

f – Frequenz gibt Anzahl der Schwingungen pro Zeiteinheit (meist: pro Sekunde) an. $f = 1/T$

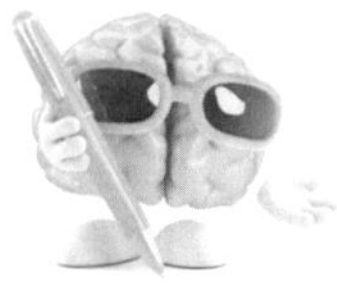

ω – Kreisfrequenz

$\omega = 2\pi f$

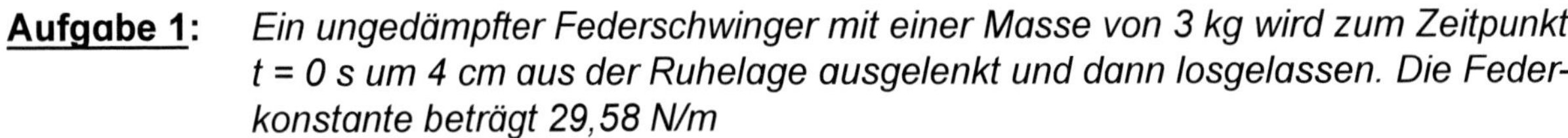

Aufgabe 1: *Ein ungedämpfter Federschwinger mit einer Masse von 3 kg wird zum Zeitpunkt t = 0 s um 4 cm aus der Ruhelage ausgelenkt und dann losgelassen. Die Federkonstante beträgt 29,58 N/m*

a) *Berechne Periodendauer, Frequenz und Kreisfrequenz dieser Schwingung. Beachte: $1N = 1kg \cdot 1m / 1s^2$*

____

____

b) *Gib die Schwingungsgleichung an.*

____

c) *Skizziere das Schwingungsdiagramm für zwei vollständige Schwingungen:*

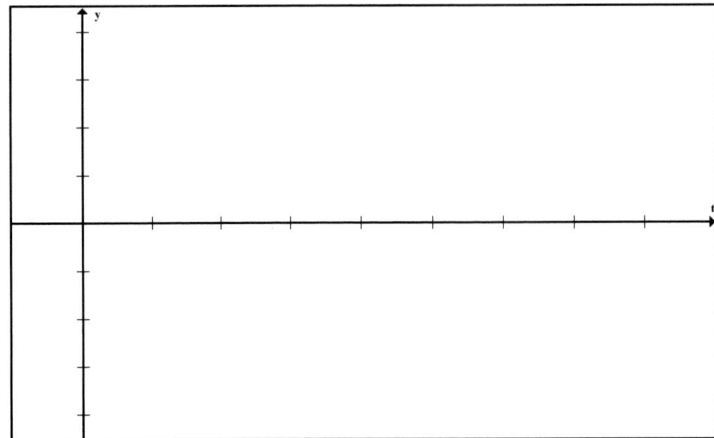

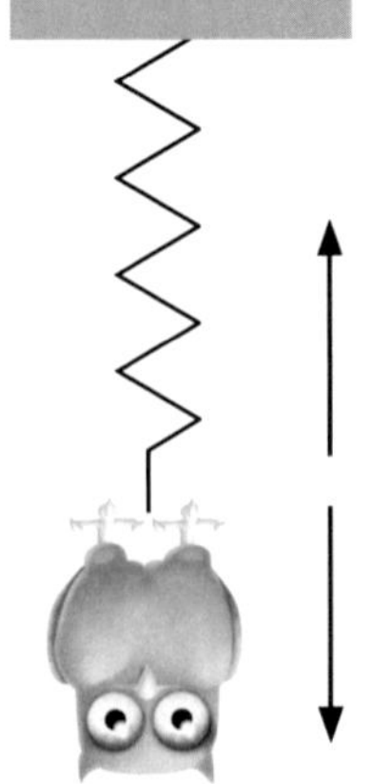

3 Anwendung der Differentialrechnung auf trigonometrische Funktionen

3.1 Differenzieren von Winkelfunktionen (Blatt 1)

Aufgabe 1: *Welcher Zusammenhang besteht zwischen der ersten Ableitung $f'(x_0)$ der Funktion f(x) an der Stelle x_0 und dem Anstieg m der Tangente t an die Funktion im Berührungspunkt $B(x_0; f(x_0))$?*

____

Aufgabe 2: *Wir nehmen an, dass die Sinusfunktion an jeder Stelle ihres Definitionsbereiches differenzierbar ist. Dann gibt es an jeder Stelle eine Tangente an den Graphen. In der folgenden Abbildung ist an ausgewählten Stellen die entsprechende Tangente eingezeichnet. Lies den Anstieg der Tangente an den ausgewählten Stellen ab und trage die Werte in die Tabelle ein.*

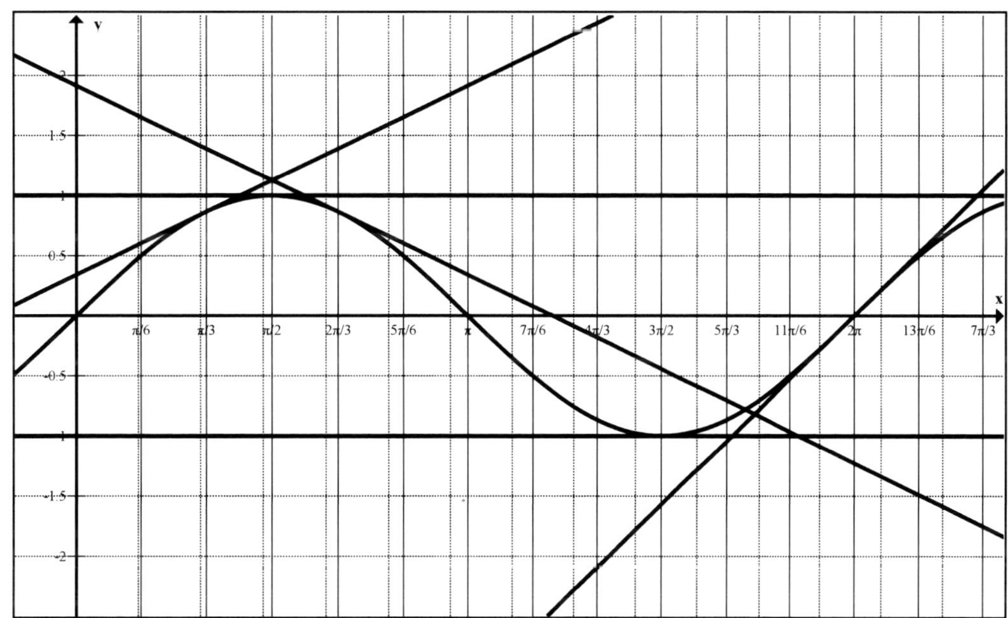

x	Anstieg der Tangente an die Sinusfunktion an der Stelle x	cos x
$\frac{\pi}{3}$		
$\frac{\pi}{2}$		
$\frac{2\pi}{3}$		
$\frac{3\pi}{2}$		
2π		

Aufgabe 3: *Vergleiche die Werte der Ableitungen mit den Funktionswerten der Kosinusfunktion an der entsprechenden Stelle x. Ergänze dazu die Tabelle.*

____

____

KOHL VERLAG Kurvendiskussion / Trigonometrische Funktionen – Bestell-Nr. 11 855

3 Anwendung der Differentialrechnung auf trigonometrische Funktionen

3.1 Differenzieren von Winkelfunktionen (Blatt 2)

Aufgabe 4: *Nimm Stellung zu folgender Behauptung: „$\sin(\alpha + \beta) = \sin \alpha + \sin \beta$“. Wähle ein Beispiel, um zu argumentieren.*

____

____

____

Zur Erinnerung: Additionstheorem der Sinusfunktion

$\sin(\alpha + \beta) = \sin \alpha \cdot \cos \beta + \sin \beta \cdot \cos \alpha$ und
$\sin(\alpha - \beta) = \sin \alpha \cdot \cos \beta - \sin \beta \cdot \cos$

Aufgabe 5: *Forme mit Hilfe des Additionstheorems für die Sinusfunktion um.*

a) *$\sin(2\alpha)$ =* ____

b) *$\sin(x_0 + h)$ =* ____

Aufgabe 6: *Bilde den Differenzenquotienten (Anstieg der Sekante durch zwei Punkte $P_0\,(x_0, f(x_0))$ und $P(x_0 + h, f(x_0 + h))$ des Graphen) der Sinusfunktion an einer beliebigen Stelle x_0 und forme diesen mit Hilfe des Additionstheorems für die Sinusfunktion so um, dass keine Summen im Argument auftreten.*

____

____

Aufgabe 7: *Untersuche, wie sich die Terme $\frac{\sin(h)}{h}$ und $\frac{\cos(h)-1}{h}$ bei Annäherung von h an Null verhalten, indem du für h sehr kleine Zahlen einsetzt.*

x	0,1	0,01	0,001	0,0001	...	→ 0
$\frac{\sin(h)}{h}$					...	
$\frac{\cos(h)-1}{h}$					...	

Vermutung: $\lim\limits_{h \to 0} \frac{\sin(h)}{h} =$ $\qquad$ $\lim\limits_{h \to 0} \frac{\cos(h)-1}{h} =$

KOHL VERLAG Kurvendiskussion / Trigonometrische Funktionen – Bestell-Nr. 11 855

3 Anwendung der Differentialrechnung auf trigonometrische Funktionen

3.1 Differenzieren von Winkelfunktionen (Blatt 3)

Aufgabe 8: *Gib Terme für die Flächeninhalte von*
- *Dreieck OAP*
- *Kreissektor OEP und*
- *Dreieck OEB*

für das Intervall $0 < x < \frac{\pi}{2}$ an und vergleiche die Flächen.

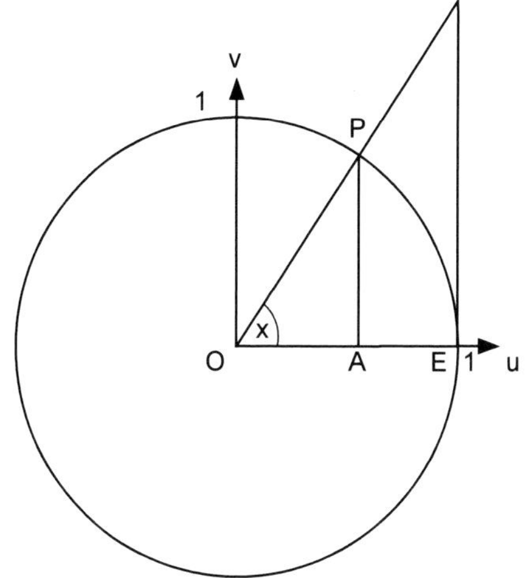

____

____

____

Vergleich:

____

Zu zeigen ist, dass gilt:

$$\lim_{h \to 0} \frac{\sin(h)}{h} = 1$$

Mit Hilfe der Doppelungleichung, welche man durch Vergleich der Flächen von Dreieck OAP, Kreissektor OEP und Dreieck OEB erhält (siehe Zeichnung Aufgabe 8), lässt sich diese Behauptung exakt beweisen.

Wie im Intervall $0 < x < \frac{\pi}{2}$ zumindest leicht nachzuweisen ist, gilt auch für alle $x \in R$

1) $\frac{1}{2} \cdot \sin x \cdot \cos x < \frac{1}{2} \cdot x < \frac{1}{2} \cdot \frac{\sin x}{\cos x} \quad | \cdot \frac{2}{\sin x}$

2) $\cos x < \frac{x}{\sin x} < \frac{1}{\cos x}$ ⇨ **3)** $\frac{1}{\cos x} > \frac{\sin x}{x} > \cos x$

Da die Sinus- und Kosinusfunktion stetig sind, ist der Grenzübergang $x \to 0$ möglich. Beim Grenzübergang geht „>" in „≥" über.

4) $\lim_{x \to 0} \frac{1}{\cos x} \geq \lim_{x \to 0} \frac{\sin x}{x} \geq \lim_{x \to 0} \cos x$ ⇨ **5)** $1 \geq \lim \frac{\sin x}{x} \geq 1$ bzw.

6) $\lim_{x \to 0} \frac{\sin(h)}{h} = 1$, was zu zeigen war.

Aufgabe 9: ***a)*** *Welche Umformung wurden im Beweis bei Schritt 2) ⇨ 3) vorgenommen?*

____

b) *Erläutere die Überlegungen bei Schritt 4) ⇨ 5).*

____

____

3 Anwendung der Differentialrechnung auf trigonometrische Funktionen

3.1 Differenzieren von Winkelfunktionen (Blatt 4)

Aufgabe 10: *Der Differenzenquotient der Sinusfunktion zur Berechnung des Anstieges der Sekante durch zwei Punkte $P_0(x_0, f(x_0))$ und $P(x_0 + h, f(x_0 + h))$ des Graphen der Sinusfunktion an einer beliebigen Stelle x_0 ergibt nach Anwendung des Additionstheorems für die Sinusfunktion den Ausdruck*

$$\frac{\sin(x_0 + h) - \sin(x_0)}{h} = \frac{\sin(x_0) \cdot \cos(h) + \sin(h) \cdot \cos(x_0) - \sin(x_0)}{h}.$$

Ermittle unter der Voraussetzung, dass

$$\lim_{h \to 0} \frac{\sin(h)}{h} = 1 \text{ und } \lim_{h \to 0} \frac{\cos(h)-1}{h} = 1$$

gilt, den Differentialquotienten $f'(x_0)$ als Grenzwert des Differenzenquotienten für $h \to 0$.

____

____

____

____

Die Ableitung der Sinusfunktion

$(\sin x)' = \cos x$

Beispiele:

1. Gesucht sind die Ableitungen der Sinusfunktion an den Stellen $x_1 = \frac{\pi}{2}$, $x_2 = \frac{3\pi}{2}$ und $x_3 = \frac{-\pi}{2}$.
   Lösung: $f'(\frac{\pi}{2}) = \cos(\frac{\pi}{2}) = 0$, $f'(\frac{3\pi}{2}) = \cos(\frac{3\pi}{2}) = 0$ und $f'(\frac{-\pi}{2}) = \cos(\frac{-\pi}{2}) = 0$

2. An welchen Stellen x ihres gesamten Definitionsbereiches hat die Ableitung der Sinusfunktion den Wert 0,5?
   Lösung: $f'(x) = \cos x = 0{,}5$ ⇨ Im Intervoll $0 \le x \le 2\pi$ gibt es zwei Lösungen: $x_1 = \frac{\pi}{3}$ und $x_2 = \frac{5\pi}{3}$

   Im gesamten Definitionsbereich sind $x_1 = \frac{\pi}{3} + 2k\pi$ und $x_2 = \frac{5\pi}{3} + 2k\pi$, $k \in Z$ Lösungen.

Aufgabe 11: *Ermittle rechnerisch alle Stellen x im gesamten Definitionsbereiches der Sinusfunktion, an denen Funktionswert und Ableitung gleich sind.*

____

____

____

____

3 Anwendung der Differentialrechnung auf trigonometrische Funktionen

3.1 Differenzieren von Winkelfunktionen (Blatt 5)

Die Ableitung der Kosinusfunktion lässt sich auf ähnlichem Weg wie Ableitung der Sinusfunktion herleiten.

(1) Ableitung der Winkelfunktionen

$f(x) = \sin x$, $D = R$ $\quad f'(x) = \cos x$

$f(x) = \cos x$, $D = R$ $\quad f'(x) = -\sin x$

$f(x) = \tan x$, $D = \{ x \in R \text{ und } x \neq \frac{\pi}{2} + k \cdot \pi, k \in Z \}$ $\quad f'(x) = 1 + \tan^2 x = \frac{1}{\cos^2 x}$

Weitere allgemeine Ableitungsregeln

(2) Konstantenregel:

Für jede reelle Zahl k gilt:

$$k' = 0$$

(3) Faktorregel:

f(x) sei eine differenzierbare Funktion und a eine beliebige reelle Zahl.
Dann gilt:

$$(a \cdot f(x))' = a \cdot f'(x)$$

(4) Produktregel:

Wenn die Faktoren u(x) und v(x) differenzierbare Funktionen sind, dann ist auch das Produkt u(x) · v(x) differenzierbar und es gilt:

$$((u(x) \cdot v(x))' = u'(x) \cdot v(x) + u(x) \cdot v'(x)$$

(5) Summenregel:

Sind die Funktionen u(x) und v(x) in einem Intervall I differenzierbar, so ist auch die Summenfunktion in diesem Intervall differenzierbar und es gilt:

$$(u(x) + v(x))' = u'(x) + v'(x)$$

(6) Quotientenregel:

Wenn die Faktoren u(x) und v(x) differenzierbare Funktionen sind und $v(x) \neq 0$ dann ist auch der Quotient u(x) / v(x) differenzierbar und es gilt:

$$(u(x) / v(x))' = (u'(x) \cdot v(x) - u(x) \cdot v'(x)) / (v(x))^2$$

(7) Kettenregel:

k(x) = f(g(x)) sei die Verkettung der äußeren Funktion f mit der inneren Funktion g. g sei an der Stelle x differenzierbar; f an der Stelle g(x).
Dann ist k an der Stelle x differenzierbar und es gilt:

$$k'(x) = f'(g(x)) \cdot g'(x)$$

äußere innere
Ableitung

Aufgabe 12: *Ermittle die Ableitung der Tangensfunktion mit Hilfe der Quotientenregel.*

____

____

____

3 Anwendung der Differentialrechnung auf trigonometrische Funktionen

3.2 Ableitungsübungen

Aufgabe 1: *Ermittle die Ableitungsfunktionen der Funktionen und gib die verwendete Ableitungsregel an.*

a) *f(x) = 3 · sin x* ______________________________

____

b) *f(x) = sin(3x)* ______________________________

____

c) *f(x) = sin(x+3)* ______________________________

____

d) *f(x) = sin x + 3* ______________________________

____

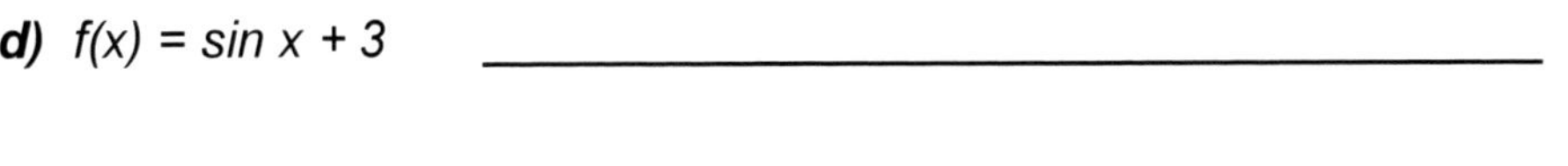

Aufgabe 2: *Wie oft muss man die Funktion f(x) = sin x ableiten, damit die Ableitungsfunktion $f^{(n)}(x)$ identisch mit der Ausgangsfunktion f(x) = sin x ist?*

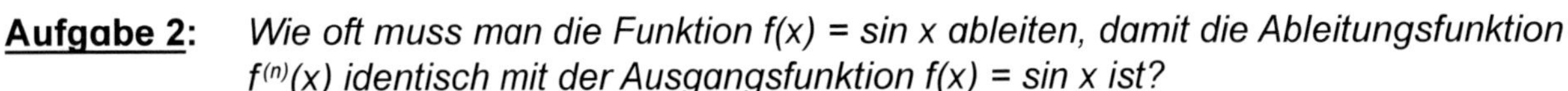

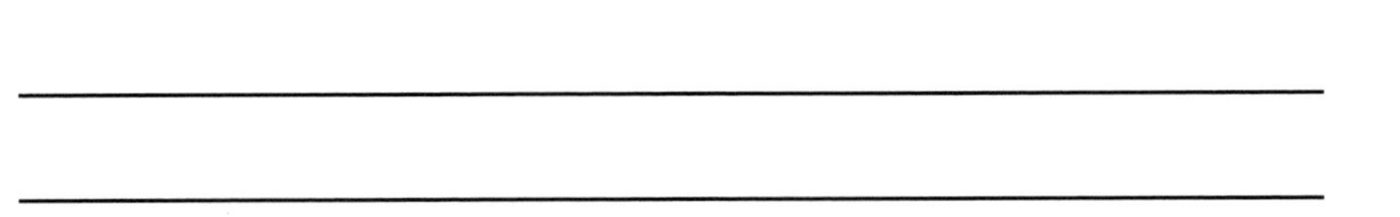

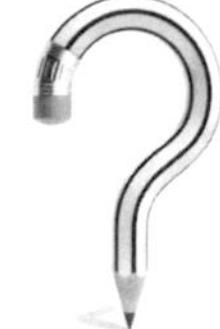

____

____

Aufgabe 3: *Ermittle die Ableitungsfunktionen und berechne jeweils die erste Ableitung an der vorgegebenen Stelle x_0.*

f(x)	f'(x)	f'(x0)
3 · sin(3x + 3) + 3		f'(-1) =
4 · cos(2x -1) + 1		f'(0,5) =
sin (x + π) - sin (x - π)		$f'(\frac{\pi}{4})$ =
-2 · sin x · cos x		f'(0) =
sin(2x) / cos(2x)		$f'(\frac{\pi}{8})$ =
0,5 tan (2x -π) + 1		f'(π) =

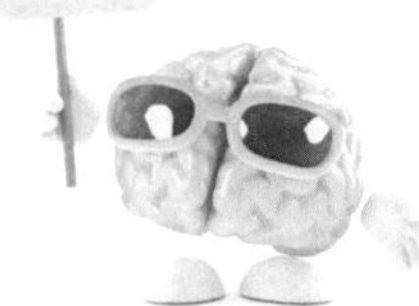

3 Anwendung der Differentialrechnung auf trigonometrische Funktionen

3.3 Anstieg, Tangenten und Normalen

Aufgabe 1: *Ermittle jeweils den Anstieg der Funktion an der Stelle x_0 und eine Gleichung der Tangente an den Funktionsgraphen im Punkt $P(x_0; f(x_0))$.*

a) *$f(x) = 1 - \sin^2 x$; $x_0 = 0$*

b) *$f(x) = \sin(\ln x)$; $x_0 = 1$*

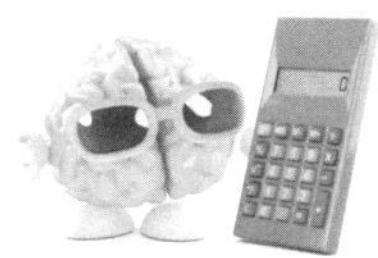

Aufgabe 2: *Gegeben ist die Funktion $f(x) = \sin^2 x$. Bestimme die Gleichung der Kurvennormalen durch den im Intervall $[0 \le x \le \frac{\pi}{2}]$ liegenden Wendepunkt der Funktion. Berechne den Flächeninhalt des Dreiecks, welches von der Kurvennormalen und den Koordinatenachsen begrenzt wird.*

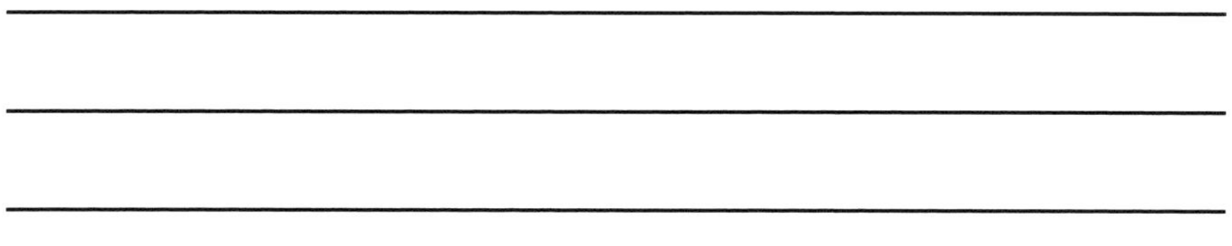

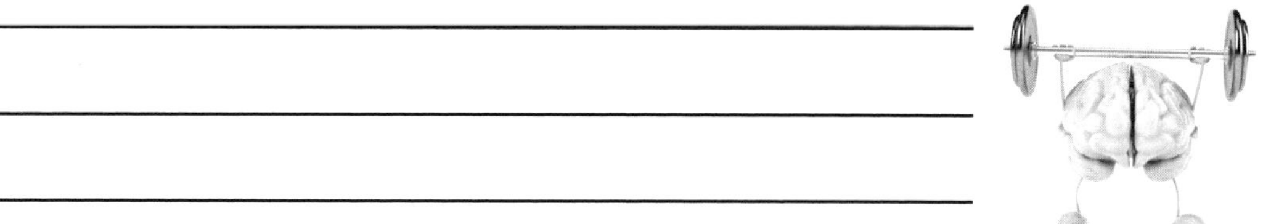

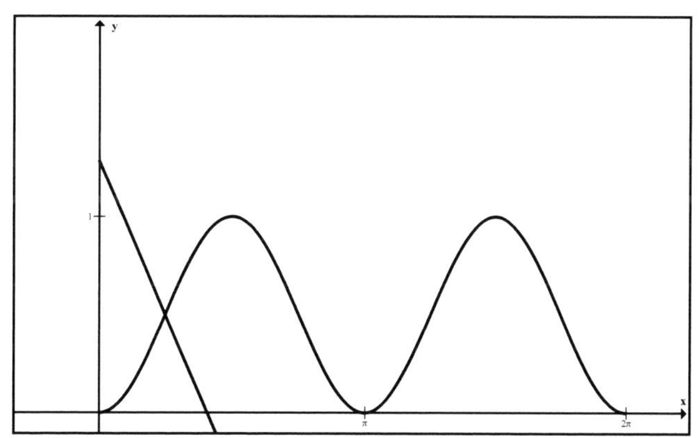

KOHL VERLAG Kurvendiskussion / Trigonometrische Funktionen – Bestell-Nr. 11 855

3 Anwendung der Differentialrechnung auf trigonometrische Funktionen

3.4 Notwendige und hinreichende Kriterien für Extrema und Wendepunkte (Blatt 1)

Lokale (relative) Extrema

Ein Punkt H (x_H; $f(x_H)$) eines Graphen heißt **Hochpunkt** von f, wenn es eine Umgebung U von x_H gibt, so das für alle $x \in U$ gilt:

$$f(x) \leq f(x_H)$$

Ein Punkt T (x_T; $f(x_T)$) eines Graphen heißt **Tiefpunkt** von f, wenn es eine Umgebung U von x_T gibt, so das für alle $x \in U$ gilt:

$$f(x) \geq f(x_T)$$

Außerhalb dieser Umgebung kann die Funktion auch Funktionswerte annehmen, die größer als das lokale Maximum beziehungsweise kleiner als das lokale Minimum sind. In diesem Falle spricht man von **globalen Extrema.**

Aufgabe 1: *Welche Lage hat die Tangente an einer Extremstelle des Funktionsgraphen? Was folgt daraus für ihren Anstieg?*

____

____

Notwendiges Kriterium für lokale Extrema

Die Funktion f(x) sei an der Stelle x_E differenzierbar. Wenn an der Stelle x_E ein lokales **Extremum (Maximum oder Minimum)** der Funktion f(x) liegt, dann gilt:

$$f'(x_E) = 0.$$

Aufgabe 2: *Skizziere in der untenstehenden Abbildung jeweils die möglichen waagerechten Tangenten. Kann man aus der waagerechten Lage einer Tangente an der Berührungsstelle x_0 auf die Existenz eines Extrempunktes der Funktion an dieser Stelle schließen?*

____

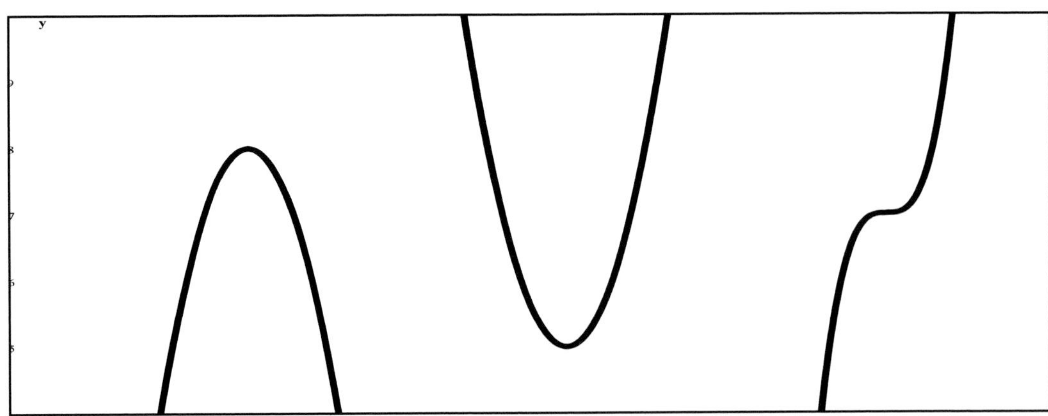

KOHL VERLAG Kurvendiskussion / Trigonometrische Funktionen – Bestell-Nr. 11 855

3.4 Notwendige und hinreichende Kriterien für Extrema und Wendepunkte (Blatt 2)

Lokale (relative) Extrema

Die Funktion f(x) sei an der Stelle x_E zweimal differenzierbar.

- Wenn gilt: **$f'(x_E) = 0$ und $f''(x_E) < 0$,** dann liegt an der Stelle x_E ein **lokales Maximum (Hochpunkt).**
  Das ist verbunden mit einem **Vorzeichenwechsel** der Ableitungsfunktion f'(x) von **plus nach minus.**
- Wenn gilt: **$f'(x_E) = 0$ und $f''(x_E) > 0$,** dann liegt an der Stelle x_E ein **lokales Minimum (Tiefpunkt).**
  Das ist verbunden mit einem Vorzeichenwechsel der Ableitungsfunktion f'(x) von **minus nach plus.**
- Wenn gilt: **$f'(x) = 0$ und $f'(x)$** an der Stelle x_E **das Vorzeichen nicht wechselt,** liegt an dieser Stelle ein **Sattelpunkt.**

Krümmungsverhalten und Wendepunkt

Bewegt man sich auf unten abgebildeter Kurve von links nach rechts, durchfährt man zunächst eine Linkskurve und dann eine Rechtskurve.

Linkskrümmung
Die Steigung von f nimmt zu

Rechtskrümmung
Die Steigung von f nimmt ab

Krümmungswechsel im
Wendepunkt

Aufgabe 3: *Die Funktion f(x) sei in einem Intervall I differenzierbar. Was folgt daraus für das Monotonieverhalten der Ableitungsfunktion f'(x) in den Bereichen der Rechtskrümmung des Graphen der Funktion f(x) bzw. in den Bereichen seiner Linkskrümmung? Ergänze die ersten beiden Zeilen der Tabelle auf Blatt 3.*

Aufgabe 4: *Wir betrachten die Ableitungsfunktion f'(x) als neue Funktion und wenden auf diese Funktion das Monotoniekriterium an. Was folgt daraus für die zweite Ableitung f''(x) in den Bereichen der Rechtskrümmung der Funktion f(x) bzw. der Linkskrümmung? Ergänze die dritte Zeile der Tabelle auf Blatt 3.*

Aufgabe 5: *Welche notwendige Bedingung folgt daraus für die Existenz eines Wendepunktes?*

3 Anwendung der Differentialrechnung auf trigonometrische Funktionen

3.4 Notwendige und hinreichende Kriterien für Extrema und Wendepunkte (Blatt 3)

Das Krümmungskriterium Eine Funktion f((x) sei in einem Intervall I zweimal differenzierbar.	
(1) Wenn f(x) in I rechtsgekrümmt ist,	Wenn f(x) in I linksgekrümmt ist,
(2) dann ist f'(x) in I streng monoton __________	dann ist f'(x) in I streng monoton __________
(3) dann ist f''(x) in I __________ Es gilt: f''(x) ___ 0	dann ist f''(x) in I __________ Es gilt: f''(x) ___ 0

Notwendiges Kriterium für Wendpunkte

Die Funktion f(x) sei an der Stelle x_w zweimal differenzierbar.

Wenn bei x_w ein **Wendepunkt** von f(x) liegt, dann gilt: $\mathbf{f''(x_w) = 0}$.

Hinreichendes Kriterium für Wendepunkte

Die Funktion f(x) sei an der Stelle xw dreimal differenzierbar.

Wenn gilt: $\mathbf{f''(x_w) = 0}$ und $\mathbf{f'''(x_w) \neq 0}$, dann liegt an der Stelle $\mathbf{x_w}$ ein **Wendepunkt** der Funktion f(x).

Genauer: $\mathbf{f'''(x_w) < 0}$ ⇨ Links-Rechts-Wendepunkt

$\mathbf{f'''(x_w) > 0}$ ⇨ Rechts-Links-Wendepunkt

Aufgabe 6: *Weise rechnerisch nach, dass alle Punkte* $\mathbf{W(k \cdot \pi; 0)}$*, k∈Z die Wendepunke der Sinusfunktion f(x) = sin x in ihrem gesamten Definitionsbereich sind.*

____

____

____

____

____

____

____

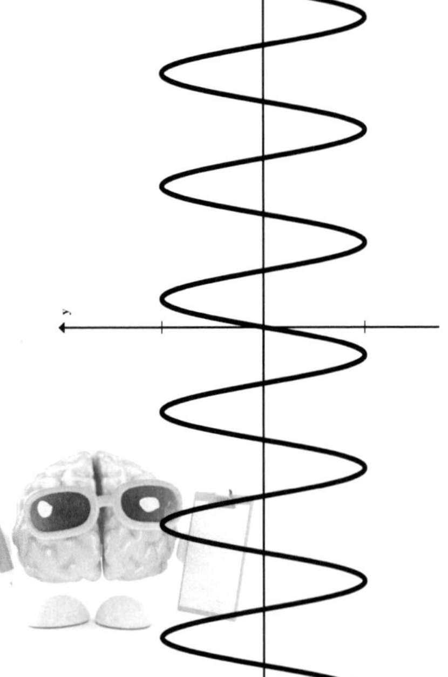

3.5 Beispiel für eine vollständige Kurvendiskussion trigonometrischer Funktionen (Blatt 1)

Führe eine Kurvendiskussion der Funktion $f(x) = \sin^2 x + \frac{1}{2}\cos x$ im gesamten Definitionsbereich durch und zeichne den Graph im Intervall $[0 \leq x \leq 2\pi]$.

Eigenschaften der Funktion $f(x) = \sin^2 x + \frac{1}{2}\cos x$	Begründung / Rechnung
D größtmöglicher Definitionsbereich **D = R**	Die Sinus- und die Kosinusfunktion sind für alle reellen Zahlen definiert.
Symmetrie 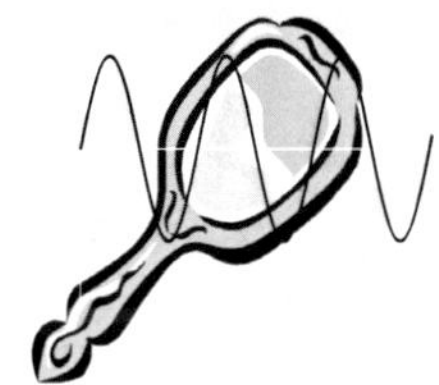 **Die Funktion ist achsensymmetrisch zur y-Achse.**	Gilt f(-x) = f(x)? Die Sinusfunktion ist punktsymmetrisch zum Koordinatenursprung und die Kosinusfunktion ist achsensymmetrisch zur y-Achse, woraus folgt: $\mathbf{f(-x)} = (\sin(-x))^2 + \frac{1}{2}\cos(-x) = (-\sin x)^2 + \frac{1}{2}\cos x =$ $\sin^2 x + \frac{1}{2}\cos x = \mathbf{f(x)}$
kleinste Perode	$p = 2\pi$.
Nullstellen und Achsenschnittpunkte **Nullstellen:** $x_{1k} \approx 2{,}467 + 2k\pi, k \in Z$ **und** $x_{2k} \approx 3{,}816 + 2k\pi, k \in Z$ **Schnittpunkt mit der x-Achse:** S_{x1} **(≈ 2,467 + 2kπ, k∈Z; 0) und** S_{x2} **(≈ 3,816 + 2kπ, k∈Z; 0)** **Schnittpunkt mit der y-Achse:** S_y **(0; 0,5)** 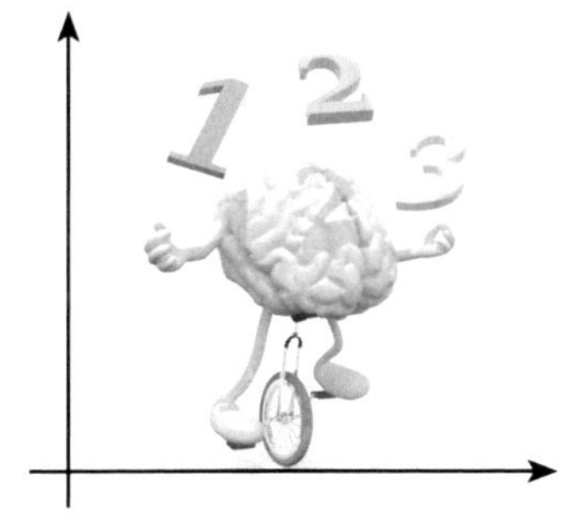	Ansatz für Nullstellen: f(x) = 0 $\sin^2 x + 0{,}5\cos x = 0$ | aus $\sin2 x + \cos^2 x = 1$ folgt $\cos^2 x - 0{,}5\cos x - 1 = 0$ | Substitution cos x = z $z^2 - 0{,}5 z - 1 = 0$ $z_{1;2} = 0{,}25 \pm \sqrt{(0{,}25^2 - (-1))}$ $z_{1;2} = \frac{1}{4} \pm \frac{1}{4}\sqrt{17}$ $z_1 = \frac{1}{4} \cdot (1 + \sqrt{17}),\ z_2 = \frac{1}{4} \cdot (1 - \sqrt{17})$ Mit der Resubstitution x aus cos x = z zu bestimmen, und $-1 \leq \cos x \leq 1$ kommt als Lösung nur $z_2 = \frac{1}{4} \cdot (1 - \sqrt{17})$ in Frage. Als Basislösungen im Grundintervall $[0 \leq x \leq 2\pi]$ ergeben sich: x1 ≈ 2,467 und x2 ≈ 3,816 Wegen der Periodizität ergeben sich für den gesamten Definitionsbereich die Lösungen: $x_{1k} \approx 2{,}467 + 2k\pi, k \in Z$ und $x_{2k} \approx 3{,}816 + 2k\pi, k \in Z$ Schnittpunkt mit der y-Achse: $f(0) = \sin^2 0 + \frac{1}{2}\cos 0 = 0{,}5$

3 Anwendung der Differentialrechnung auf trigonometrische Funktionen

3.5 Beispiel für eine vollständige Kurvendiskussion trigonometrischer Funktionen (Blatt 2)

Ableitungen $f'(x) = 2 \sin x \cdot \cos x - \frac{1}{2} \sin x$ $f''(x) = 2 \cos^2 x - 2 \sin^2 x - \frac{1}{2} \cos x$ $f'''(x) = -8 \sin x \cdot \cos x + \frac{1}{2} \sin x$ 	$f(x) = \sin^2 x + \quad \cos x$ | Kettenregel $(f(g(x)))' = f'(g(x)) \cdot g'(x)$ $f'(x) = 2 \sin x \cdot \cos x - \frac{1}{2} \sin x$ | Produktregel | $(f(x) \cdot g(x))' =$ $f'(x) \cdot g(x) + f(x) \cdot g'(x)$ $f''(x) = 2 \cos x \cdot \cos x + 2 \sin x \cdot (-\sin x) - \quad \cos x$ $f''(x) = 2 \cos^2 x - 2 \sin^2 x - \frac{1}{2} \cos x$ | Kettenregel $f'''(x) = 2 \cdot 2 \cos x \cdot (-\sin x) - 2 \cdot 2 \sin x \cdot \cos x - \frac{1}{2} (-\sin x)$ $f'''(x) = -8 \sin x \cdot \cos x + \frac{1}{2} \sin x$
Extrempunkte **Tiefpunkte** **T_{k1} (2kπ, k∈Z; 0,5)** **T_{k2} (2k + 1) π, k∈Z; - 0,5)**  **Hochpunkte** **H_1 (≈ 1,318 + 2kπ, k∈Z; ≈ 1,062)** **H_2 (≈ 4,965 + 2kπ, k∈Z; ≈ 1,062)** 	notwendige Bedingung: $f'(x) = 0$ $2 \sin x \cdot \cos x - \frac{1}{2} \sin x = 0$ $2 \sin x \cdot (\cos x - \frac{1}{4}) = 0 \Rightarrow \sin x = 0$ oder $\cos x - \frac{1}{4} = 0$ Ein Produkt ist Null, wenn einer der Faktoren Null ist. Aus dem Ansatz $\sin x = 0$ ergeben sich im Grundintervall $[0 \leq x \leq 2\pi]$ die Basislösungen $x_1 = 0$ $x_2 = \pi$ und $x3 = 2\pi$ hinreichend Bedingung: $f''(x) \neq 0$ und $f''(x) < 0 \Rightarrow$ Maximum $f''(x) > 0 \Rightarrow$ Minimum $f''(0) = 2 \cos^2 0 - 2 \sin^2 0 - \frac{1}{2} \cos 0 = 1{,}5 > 0 \Rightarrow$ Minimum $f''(\pi) = 2 \cos^2 \pi - 2 \sin^2 \pi - \frac{1}{2} \cos \pi = 2{,}5 > 0 \Rightarrow$ Minimum $f''(2\pi) = 2 \cos^2 2\pi - 2 \sin^2 2\pi - \frac{1}{2} \cos 2\pi = 1{,}5 > 0 \Rightarrow$ Minimum Für den gesamten Definitionsbereich ergeben sich die Extremstellen der Tiefpunkte $x_k = k\pi$; k∈Z Funktionswerte der Tiefpunkte $f(0) = \sin^2 0 + \frac{1}{2} \cos 0 = 0{,}5$; $f(\pi) = \sin^2 \pi + \frac{1}{2} \cos \pi = -0{,}5$ $f(2\pi) = \sin^2 2\pi + \frac{1}{2} \cos 2\pi = 0{,}5$ usw. Nimmt x ein ungeradzahliges Vielfaches von π - für eine ganze Zahl k also gilt dann x = (2k + 1) π - an, beträgt der Funktionswert des Tiefpunktes - 0,5: nimmt x ein geradzahliges Vielfaches von π - also x = 2kπ mit der ganzen Zahl k - an, beträgt der Funktionswert 0,5.

3 Anwendung der Differentialrechnung auf trigonometrische Funktionen

3.5 Beispiel für eine vollständige Kurvendiskussion trigonometrischer Funktionen (Blatt 3)

Extrempunkte  	Aus dem Ansatz $\cos x - \frac{1}{4} = 0$ ergeben sich im Grundintervall $[0 \leq x \leq 2\pi]$ die Basislösungen $x_4 \approx 1{,}318$ und $x_5 \approx 4{,}965$ hinreichend Bedingung: $f''(1{,}318) = 2\cos^2 1{,}318 - 2\sin^2 1{,}318 - \frac{1}{2}\cos 1{,}318$ $\approx -1{,}87 < 0 \Rightarrow$ Maximum $f''(4{,}965) = 2\cos^2 4{,}965 - 2\sin^2 4{,}965 - \frac{1}{2}\cos 4{,}965$ $\approx -1{,}88 < 0 \Rightarrow$ Maximum Für den gesamten Definitionsbereich ergeben sich die Extremstellen der Hochpunkte $x_{k4} \approx 1{,}318 + 2k\pi;\ k \in Z$ und $x_{k5} \approx 4{,}965 + 2k\pi;\ k \in Z$ Funktionswerte der Hochpunkte $f(1{,}318) \approx 1{,}062$ $f(4{,}965) \approx 1{,}062$
Wendepunkte 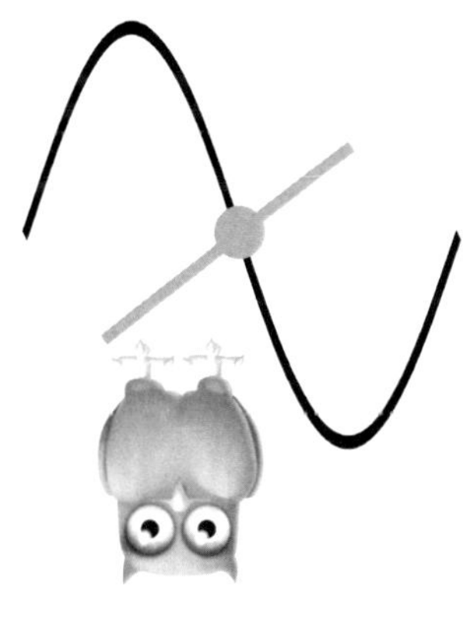	notwendige Bedingung: $f''(x) = 0$ $2\cos^2 x - 2\sin^2 x - \frac{1}{2}\cos x = 0$ | aus $\sin^2 x + \cos^2 x = 1$ folgt $2\cos^2 x - 2(1 - \cos^2 x) - \frac{1}{2}\cos x = 0$ $\cos^2 x - \frac{1}{8}\cos x - \frac{1}{2} = 0$ / Substitution $\cos x = z$ $z^2 - \frac{1}{8}z - \frac{1}{2} = 0$ $z_{1;2} = \frac{1}{16} \pm \sqrt{\left(\frac{1}{256} + \frac{1}{2}\right)} = \frac{1}{16} \pm \sqrt{\left(\frac{129}{256}\right)}$ $z_1 = \frac{1}{16} + \sqrt{\frac{129}{16}}$ und $z_2 = \frac{1}{16} - \sqrt{\frac{129}{16}}$ $z_1 \approx 0{,}772$ und $z_2 \approx -0{,}647$ Mit der Resubstitution von $\cos x = z$ ergeben sich im Grundintervall $[0 \leq x \leq 2\pi]$ die Basislösungen aus z_1: $x_1 \approx 0{,}689$, $x_2 \approx 5{,}594$ und aus z_2: $x_3 \approx 2{,}274$; $x_4 \approx 4{,}009$ hinreichende Bedingung: $f'''(0{,}689) \approx -8\sin 0{,}689 \cdot \cos 0{,}689 + \frac{1}{2}\sin 0{,}689$ $\approx -3{,}608 \neq 0$ $f'''(2{,}274) \approx -8\sin 2{,}274 \cdot \cos 2{,}274 + \frac{1}{2}\sin 2{,}274$ $\approx 4{,}327 \neq 0$ $f'''(4{,}009) \approx -8\sin 4{,}009 \cdot \cos 4{,}009 + \frac{1}{2}\sin 4{,}009$ $\approx -4{,}328 \neq 0$ $f'''(5{,}594) \approx -8\sin 5{,}594 \cdot \cos 5{,}594 + \frac{1}{2}\sin 5{,}594$ $\approx 3{,}608 \neq 0$ Daraus folgt, dass an den vorgegebenen Stellen Wendepunkte liegen. Für den gesamten Definitionsbereich ergeben sich die Wendestellen: $x_{k1} \approx 0{,}689 + 2k\pi,\ k \in Z$, $x_{k2} \approx 2{,}274 + 2k\pi,\ k \in Z$ $x_{k3} \approx 4{,}009 + 2k\pi,\ k \in Z$, $x_{k4} \approx 5{,}594 + 2k\pi,\ k \in Z$

3.5 Beispiel für eine vollständige Kurvendiskussion trigonometrischer Funktionen (Blatt 4)

	Funktionswerte der Wendepunkte:
W_1 (≈ 0,689 + 2kπ, k∈Z; ≈ 0,790)	$f(0{,}689) = \sin^2 0{,}689 + \frac{1}{2}\cos 0{,}689 \approx 0{,}790$
W_2 (≈ 2,274 + 2kπ, k∈Z; ≈ 0,258)	$f(2{,}274) = \sin^2 2{,}274 + \frac{1}{2}\cos 2{,}274 \approx 0{,}258$
W_2 (≈ 4,009 + 2kπ, k∈Z; ≈ 0,258)	$f(4{,}009) = \sin^2 4{,}009 + \frac{1}{2}\cos 4{,}009 \approx 0{,}258$
W_1 (≈ 5,594 + 2kπ, k∈Z; ≈ 0,790)	$f(5{,}594) = \sin^2 5{,}594 + \frac{1}{2}\cos 5{,}594 \approx 0{,}790$

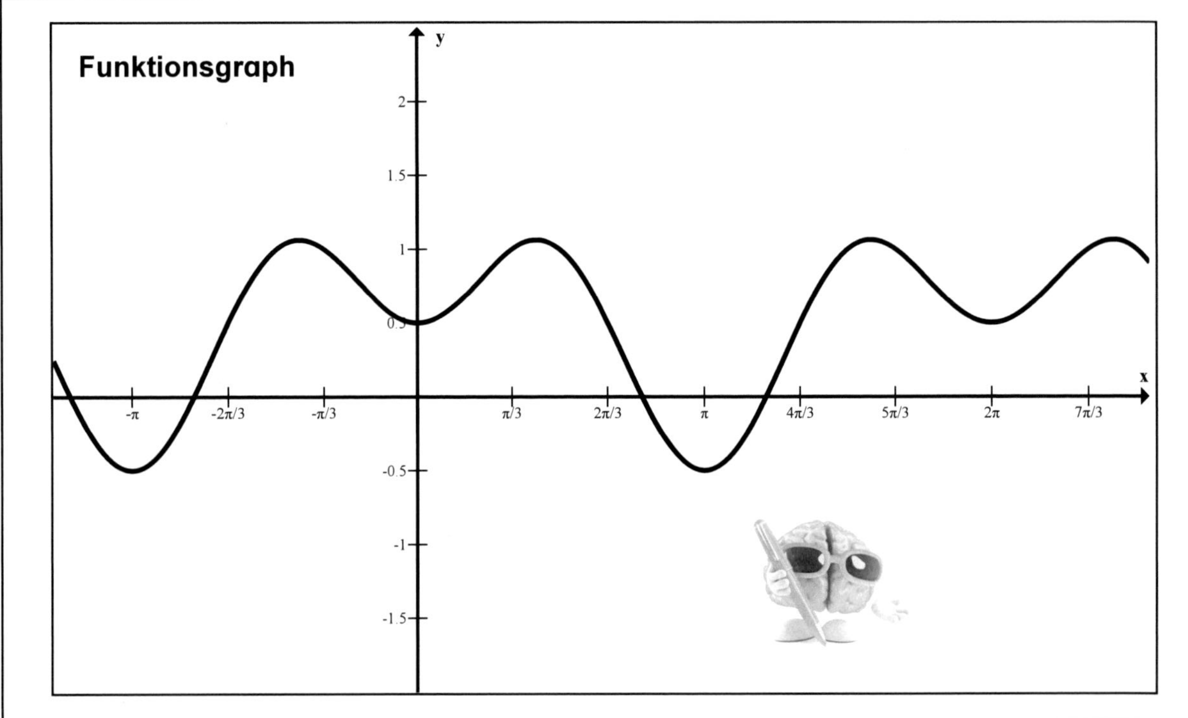

Aufgabe 1: *Welchen Wertebereich W hat die Funktion $f(x) = \sin^2 x + \frac{1}{2}\cos x$?*

____

Aufgabe 2: *Löse die Gleichung $\sin 2\, x + \frac{1}{2}\cos x = 1$ sowohl exakt rechnerisch im gesamten Definitionsbereich R als auch näherungsweise graphisch. Nutze zur graphischen Lösung die Abbildung auf Blatt 5.*

____

____

____

____

____

____

3 Anwendung der Differentialrechnung auf trigonometrische Funktionen

3.5 Beispiel für eine vollständige Kurvendiskussion trigonometrischer Funktionen (Blatt 5)

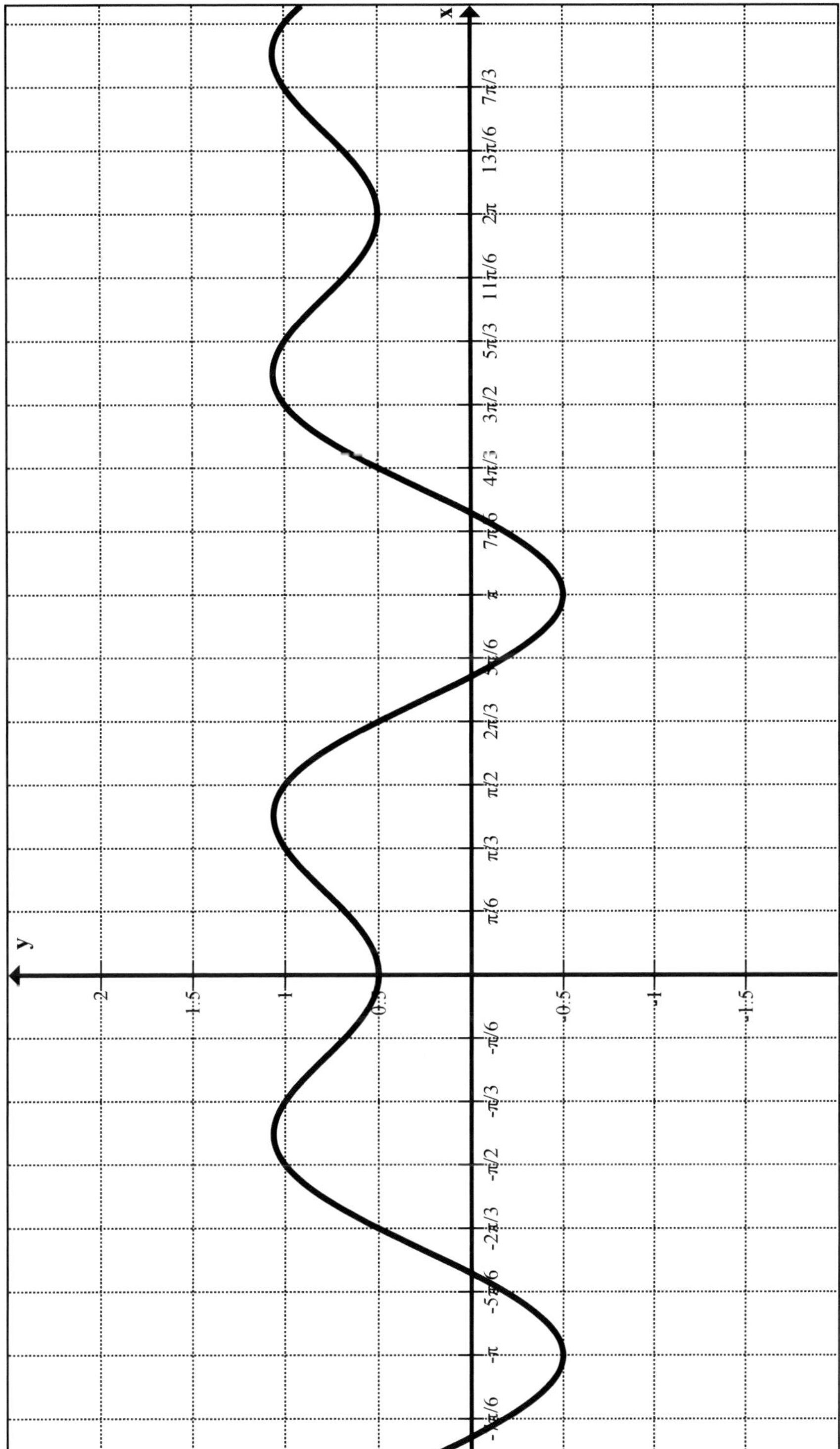

Näherungswerte der graphisch ermittelten Lösungen:

____

____

____

3.6 Übungen zur Kurvendiskussion trigonometrischer Funktionen

Führe eine vollständige Kurvenuntersuchung der Funktion **f(x) = 1 + cos(2x) + 2cos x** für das erste Periodenintervall durch. Auf den Nachweis für die Existenz der Wendepunkte kann verzichtet werden. Trage die Ergebnisse deiner Berechnungen übersichtlich in die folgende Tabelle ein. Skizziere den Graphen im Intervall $[0 \leq x \leq 2\pi]$.

Funktion	**f(x) = 1 + cos(2x) + 2cos x**
Größtmöglicher Definitionsbereich	
Symmetrie	
Kleinste Periode	
Nullstellen und Achsenschnittpunkte	
Ableitungen	f'(x) = f''(x) =
Extrempunkte	
Wendepunkte	
Skizze des Graphen	

3.7 Multiple-Choice-Test (Blatt 1)

Entscheide, welche Aussagen wahr sind; setze „X“.

Aufgabe 1: *Zur Funktion $f(x) = 3 \cdot \cos(0{,}5\,x)$ gehört die kleinste Periode*

- ☐ **A** π
- ☐ **B** 2π
- ☐ **C** 4π
- ☐ **D** $\frac{\pi}{2}$
- ☐ **E** $\frac{3\pi}{2}$

Aufgabe 2: *Die Funktion $f(x) = \sin(x^2)$ ist*

- ☐ **A** achsensymmetrisch zur y-Achse
- ☐ **B** punktsymmetrisch zum Koordinatenursprung
- ☐ **C** weder achsensymmetrisch zur y-Achse noch punktsymmetrisch zum Koordinatenursprung

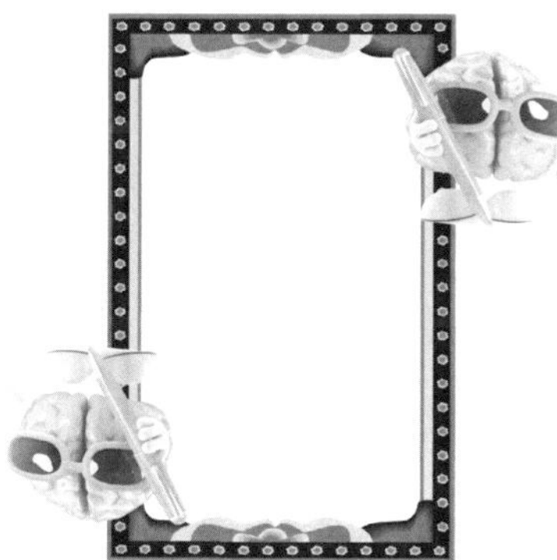

Aufgabe 3: *Die Funktion $f(x) = \sin x \cdot \cos x$ ist*

- ☐ **A** achsensymmetrisch zur y-Achse
- ☐ **B** punktsymmetrisch zum Koordinatenursprung
- ☐ **C** weder achsensymmetrisch zur y-Achse noch punktsymmetrisch zum Koordinatenursprung

Aufgabe 4: *Welche Nullstellen hat die Funktion $f(x) = 3 \cdot \sin(0{,}5\,x)$ im Intervall $[0 \le x \le 2\pi]$?*

- ☐ **A** $x_1 = 0$ und $x_2 = \pi$
- ☐ **B** $x = 0$
- ☐ **C** $x = \pi$
- ☐ **D** $x_1 = \pi$ und $x_2 = 2\pi$
- ☐ **E** $x_1 = 0$ und $x_2 = 2\pi$

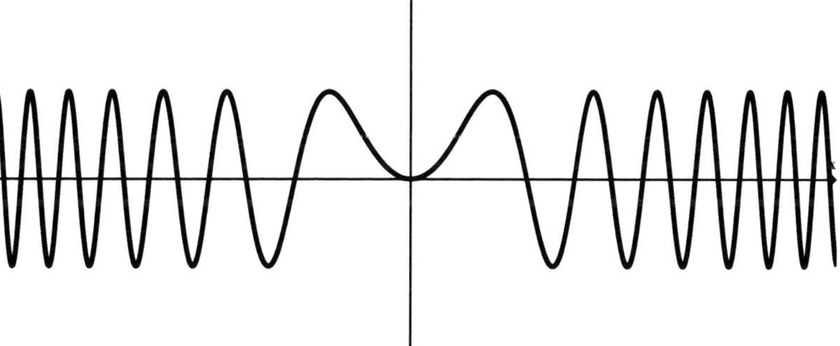

KOHL VERLAG Kurvendiskussion / Trigonometrische Funktionen – Bestell-Nr. 11 855

3.7 Multiple-Choice-Test (Blatt 2)

Aufgabe 5: *Welchen Schnittpunkt mit der y-Achse hat die Funktion $f(x) = 1 + \sin(x + \frac{\pi}{2})$?*

- ☐ **A** S (0; 0)
- ☐ **B** S (0; 2)
- ☐ **C** S $(0; \frac{\pi}{2})$
- ☐ **D** (2; 0)
- ☐ **E** S (0; 1)

Aufgabe 6: *$f(x) = \sin x$, $g(x) = b \cdot \sin x$*
Welchen Einfluss hat der Faktor b in der Funktionsgleichung der Funktion g(x) im Vergleich zur Funktion f(x) in Hinsicht auf den Graphen?

- ☐ **A** Die Amplitude der Funktion g(x) beträgt das b-fache der Amplitude der Funktion f(x).
- ☐ **B** g(x) ist gegenüber f(x) um b Einheiten in Richtung der x-Achse verschoben.
- ☐ **C** g(x) ist gegenüber f(x) um b Einheiten in Richtung der y-Achse verschoben.
- ☐ **D** Der Faktor b verkürzt oder verlängert die Periode $p = 2\pi$ der Funktion f (x) auf die Periode $p = \frac{2\pi}{b}$ der Funktion g(x).
- ☐ **E** Der Faktor b verkürzt oder verlängert die Periode $p = 2\pi$ der Funktion f (x) auf die Periode $p = 2\pi \cdot b$ der Funktion g(x).

Aufgabe 7: *$f(x) = \sin x$, $g(x) = \sin(a \cdot x)$*
Welchen Einfluss hat der Faktor a in der Funktionsgleichung der Funktion g(x) im Vergleich zur Funktion f(x) in Hinsicht auf den Graphen?

- ☐ **A** Die Amplitude der Funktion g(x) beträgt das a-fache der Amplitude der Funktion f(x).
- ☐ **B** g(x) ist gegenüber f(x) um a Einheiten in Richtung der x-Achse verschoben.
- ☐ **C** g(x) ist gegenüber f(x) um a Einheiten in Richtung der y-Achse verschoben.
- ☐ **D** Der Faktor a verkürzt oder verlängert die Periode $p = 2\pi$ der Funktion f(x) auf die Periode $p = \frac{2\pi}{a}$ der Funktion g(x).
- ☐ **E** Der Faktor a verkürzt oder verlängert die Periode $p = 2\pi$ der Funktion f (x) auf die Periode $p = 2\pi \cdot a$ der Funktion g(x).

Aufgabe 8: *Welche Extrempunkte hat die Funktion $f(x) = \sin x - \cos x$ im Intervall $[0 < x < 2\pi]$?*

- ☐ **A** H (0;0)
- ☐ **B** H $(\frac{3\pi}{4}; \sqrt{2})$ T $(\frac{7\pi}{4}; -\sqrt{2})$

- ☐ **C** T $(\pi; -\frac{1}{3})$
- ☐ **D** keine Extrempunkte

4 Die Lösungen

1 Trigonometrische Beziehungen am Dreieck

1.1 Fundamentale Gesetze für Dreiecke

Aufgabe 1:

a) c = 10 cm, a = 12 cm, $\gamma = 90°$
Dieses Dreieck existiert wegen (3) nicht.

b) $\alpha = 90°$, a = 20 cm, c = 16 cm
Das Dreieck existiert, denn es erfüllt alle Bedingungen.

c) b = 13 cm, c = 12 cm, $\beta = 90°$
Das Dreieck existiert, denn es erfüllt alle Bedingungen.

d) a = 7 cm, b = 8 cm; c = 16 cm
Dieses Dreieck existiert wegen (3) nicht.

e) a = b = 8 cm , $\alpha = 50$, $\gamma = 90°$
Dieses Dreieck existiert wegen (2) und (3) nicht.

1 1.2 Definition von Sinus, Kosinus und Tangens am rechtwinkligen Dreieck

Aufgabe 1:

a) gegeben: c = 5 cm , $\alpha = 30°$, $\gamma = 90°$

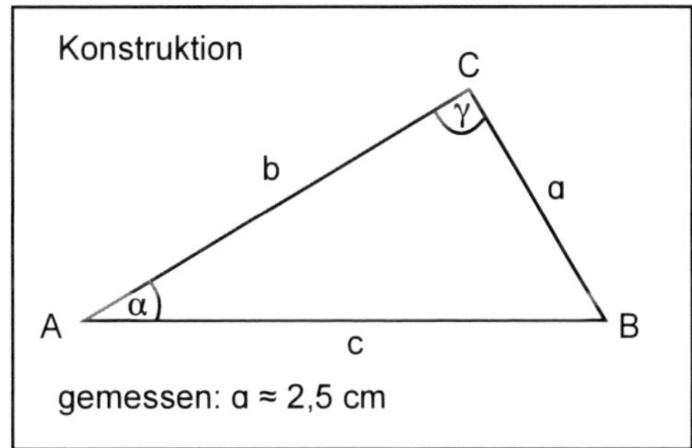

b) Aus der Zeichnung kann man **a ≈ 2,5 cm** ablesen.

c) **Für das Streckenverhältnis folgt $\frac{a}{c} = \frac{2{,}5\text{ cm}}{5\text{ cm}} = \frac{1}{2}$**

Aufgabe 2:

a) Sämtliche Dreiecke werden nach dem gleichen Konstruktionsablauf wie bei Aufgabe 1a) konstruiert und sind zu dem Dreieck aus Aufgabe 1a) ähnlich, was bedeutet, dass die Verhältnisse entsprechender Seiten konstant bleiben.

b) und c)

α	γ	c	a	$\frac{a}{c}$
30°	90°	5 cm	2,5 cm	$\frac{1}{2}$
30°	90°	6 cm	3 cm	$\frac{1}{2}$
30°	90°	8 cm	4 cm	$\frac{1}{2}$
30°	90°	9 cm	4,5 cm	$\frac{1}{2}$
30°	90°	10,5 cm	≈ 5,3 cm	$\approx\frac{1}{2}$
30°	90°	individuelles Beispiel		
60°	90°	5 cm	≈ 4,3 cm	0,86
60°	90°	10 cm	≈ 8,7 cm	0,87
60°	90°	12 cm	≈ 10,4 cm	0,87

KOHL VERLAG Kurvendiskussion / Trigonometrische Funktionen – Bestell-Nr. 11 855

4 Die Lösungen

1 **1.2 Definition von Sinus, Kosinus und Tangens am rechtwinkligen Dreieck**

d) Das Verhältnis $\frac{a}{c}$ nimmt bei allen rechtwinkligen Dreiecken mit dem spitzen Winkel $\alpha = 30°$ den Wert $\frac{1}{2}$ an.

e) zum Beispiel: $c = 5$ cm, $\alpha = 60°$, $\gamma = 90°$

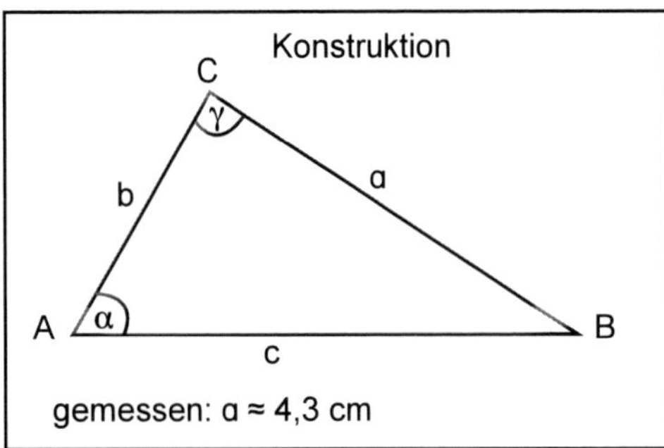

individuelle Konstruktionen

$\frac{a}{c} = \frac{2{,}5 \text{ cm}}{5 \text{ cm}} \approx 0{,}86$

Erkenntnis:
Im rechtwinkligen Dreieck ABC mit dem rechten Winkel g und konstantem Winkel $\alpha = 60°$ nimmt unabhängig von der Länge der Seite c das Seitenverhältnis $\frac{a}{c}$ angenähert den Wert 0,86 an.

<u>**Aufgabe 3**</u>: Skizze mit sinnvoller Bezeichnung der Strecken: Strecke EF = p, Strecke FP = e

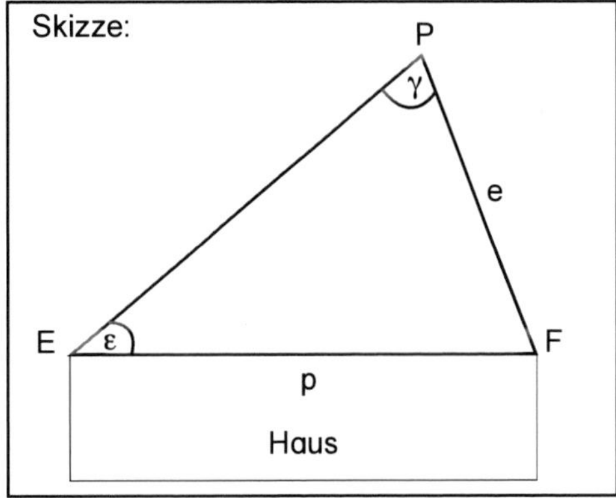

gegeben: $p = 15{,}5$ m, $\gamma = 90°$, $\varepsilon = 60°$

gesucht: e

<u>Lösung</u>:
Mit Bearbeitung von Aufgabe 2 haben wir verallgemeinernd erkannt, dass in einem rechtwinkligen Dreieck mit dem spitzen Winkel 60° das Verhältnis von Gegenkathete zur Hypotenuse etwa den Wert 0,87 annimmt.

Wenn wir diese Erkenntnis auf den Sachverhlt von Aufgabe 3 übertragen, folgt:

$\frac{e}{p} \approx 0{,}87$ und $e \approx 0{,}87 \cdot p$ folglich $e \approx 0{,}87 \cdot 15{,}5$ m

<u>**e ≈ 13,49 m**</u>

Die Länge der Strecke FP beträgt angenähert 13,5 m.

<u>**Aufgabe 4**</u>: Skizze mit sinnvoller Bezeichnung der Strecken: Strecke EF = p, Strecke FP = e

sin 60° ≈ **0,8660**	cos 60° = **0,5**
sin 45° ≈ **0,7071**	cos 45° ≈ **0,7071**
sin 30° = **0,5**	cos 30° ≈ **0,8660**
tan 45° = **1**	tan 60° ≈ **1,7321**

<u>**Aufgabe 5**</u>: Beim Vergleich fällt auf, dass gilt:
$\sin(90° - \alpha) = \cos\alpha$ bzw. $\cos(90° - \alpha) = \sin\alpha$, $(\alpha < 90°)$

4 Die Lösungen

1 1.3 Berechnungen am rechtwinkligen Dreieck

Aufgabe 1:

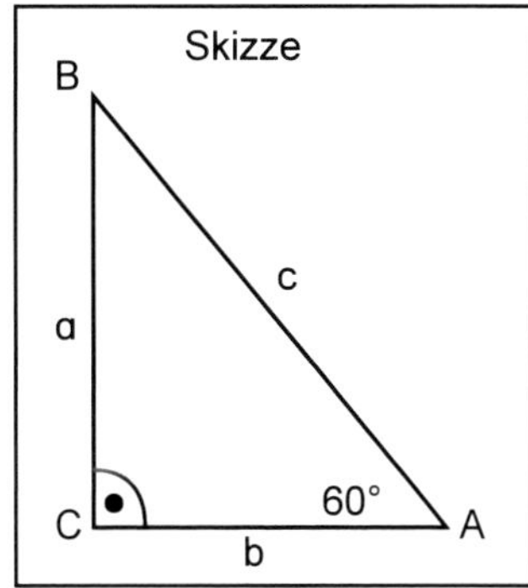

Aus $\sin 60° = a / 11$ cm folgt:
$a = \sin 60° \cdot 11$ cm ⇨ **$a \approx 9{,}5$ cm**

Aus $\cos 60° = b / 11$ cm folgt:
$b = \cos 60° \cdot 11$ cm ⇨ **$b = 5{,}5$ cm**

Probe: Gilt $(9{,}5\text{ cm})^2 + (5{,}5\text{ cm})^2 = (11\text{ cm})^2$
$120{,}5\text{ cm}^2 \approx 121\text{ cm}^2$

Aufgabe 2:

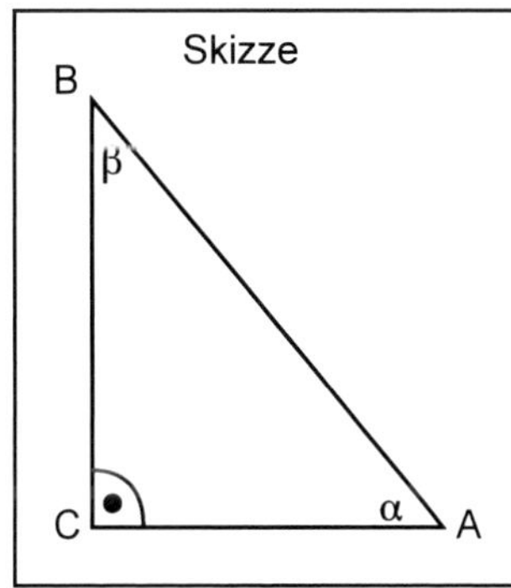

Behauptung: $\tan 45° = 1$

Wegen $\alpha + \beta + 90° = 180°$ und $\alpha = 45°$ folgt $\beta = \alpha = 45°$.
Aus $\alpha = \beta$ folgt $a = b$ (Seiten - Winkel - Beziehung)
Somit gilt: $\tan \alpha = \frac{a}{b} = \frac{a}{a} = 1$, was zu beweisen war.

Aufgabe 3: Aus dem Innenwinkelsatz für Dreiecke folgt, dass auch der zweite spitze Winkel des Dreiecks eine Größe von 45° hat. Folglich haben auch die beiden Katheten a und b die gleiche Länge.

Für die Hypotenuse c gilt dann:
$c^2 = 2a^2 ⇨ a = \sqrt{(c^2 / 2)} = \sqrt{2} \cdot \frac{c}{2}$
Mit $c = 10$ cm folgt: $a = \sqrt{2} \cdot \frac{10\text{ cm}}{2}$
$a \approx 7{,}071$ cm

Beide Katheten haben eine Länge von etwa 7,1 cm.

Aufgabe 4:

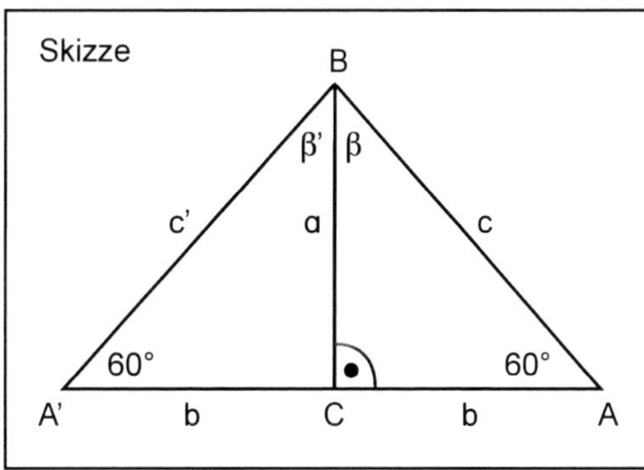

Behauptung: $\cos 60° = \frac{1}{2}$
An das Dreieck ABC wird ein kongruentes Dreieck A'BC so angefügt, dass beide Dreiecke die Seite c gemeinsam benutzen. Im rechtwinkligen Dreieck ABC folgt aus dem Innenwinkelsatz: $\beta = 30°$. Da $\beta' = 30°$ ist, beträgt die Größe des Winkels ABA' 60°, woraus folgt, dass Dreieck ABA' gleichseitig ist.

Aus $2b = c$ folgt * $b = \frac{c}{2}$.

$\cos 60° = \frac{b}{c} = \frac{\frac{c}{2}}{c} = \frac{1}{2}$, was zu zeigen war.

KOHL VERLAG Kurvendiskussion / Trigonometrische Funktionen – Bestell-Nr. 11 855

4 Die Lösungen

1 1.3 Berechnungen am rechtwinkligen Dreieck

<u>Aufgabe 5</u>:

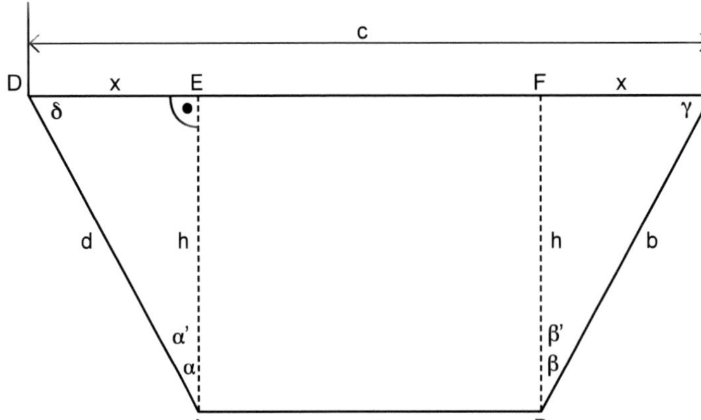

$\alpha = \sphericalangle DAB$, $\beta = \sphericalangle CBA$
$\alpha' = \sphericalangle DAE$, $\beta' = \sphericalangle CBF$

gegeben:
$\alpha = \beta = 120°$
$a = b = d = 10$ cm

- **Strecke CD = c gesucht:**

  Strecke AE und Strecke BF sind senkrecht zur Trapezseite DC = c und somit Höhen des Trapezes ABCD.

  Strecke EF = 10 cm, da gegenüberliegende Seiten in dem Rechteck ABFE gleich lang sind.

  Dreiecke AED und Dreieck BCF sind nach dem Kongruenzsatz SsW kongruent.

  Daraus folgt: Strecke DE = Strecke FC = x

  Aus $\alpha' + 90° = 120°$ folgt $\alpha = 30°$

  Im rechtwinkligen Dreieck AED gilt: $\sin \alpha = \frac{x}{d}$ und $\cos \alpha = \frac{h}{d}$

  $x = \sin 30° \cdot 10$ cm $h = \cos 30° \cdot 10$ cm

  $x = 5$ cm $h \approx 8{,}7$ cm

c = 2 · 5 cm + 10 cm = **<u>20 cm</u>**

- **Umfang**

  U = a + b + c + d = 3 · 10 cm + 20 cm = **<u>50 cm</u>**

  Der Umfang des Trapezes beträgt 50 cm.

- **Flächeninhalt:**

  $A = \frac{a + c}{2} \cdot h = \frac{10 \text{ cm} + 20 \text{ cm}}{2} \cdot 8{,}7 \text{ cm} \approx \mathbf{130{,}5\ cm^2}$

Das Trapez hat einen Flächeninhalt von etwa 130,5 cm².

<u>Aufgabe 6</u>:

a)

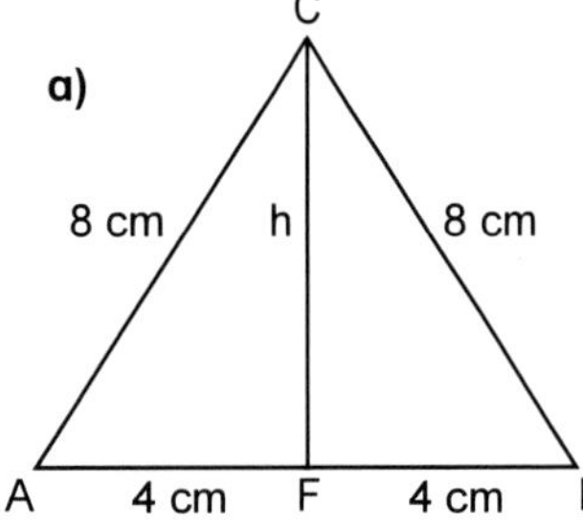

Die Höhe h zerlegt das Dreieck in zwei kongruente Teildreiecke AFC und FBC.

In jedem dieser Dreiecke gilt nach dem Satz des Pythagoras:

$h^2 + (4 \text{ cm})^2 = (8 \text{ cm})^2$

$h = \sqrt{(8 \text{ cm})^2 - (4 \text{ cm})^2} \approx$ **<u>6,93 cm</u>**

Die Höhe beträgt etwa 6,9 cm.

b)

Die Höhe h zerlegt das Dreieck in zwei kongruente Teildreiecke AFC und BFC.

In jedem dieser Dreiecke gilt nach dem Satz des Pythagoras:

$h^2 + (\frac{a}{2})^2 = a^2$

$h = \sqrt{a^2 - (\frac{a}{2})^2}$

$h = \sqrt{\frac{3}{4} a^2}$

$\mathbf{h = \frac{1}{2} \cdot \sqrt{3} \cdot a}$

4 Die Lösungen

1 1.4 Der trigonometrische Pythagoras für rechtwinklige Dreiecke

Aufgabe 1:

Winkel α	$\sin \alpha$	$(\sin \alpha)^2$	$\cos \alpha$	$(\cos \alpha)^2$	$\sin \alpha + \cos \alpha$	$(\sin \alpha)^2 + (\cos \alpha)^2$
20°	0,3420	0,1170	0,9307	0,8830	1,2727	1,0000
30°	0,5000	0,2500	0,8660	0,7500	1,3660	1,0000
45°	0,7071	0,5000	0,7071	0,5000	1,4142	1,0000
60°	0,8660	0,7500	0,5000	0,2500	1,3660	1,0000
75°	0,9659	0,9330	0,2588	0,0670	1,2247	1,0000
80°	0,9848	0,9698	0,1736	0,0302	1,1585	1,0000
89°	0,9998	0,9997	0,0175	0,0003	1,0173	1,0000

Vermutung: Für alle spitzen Winkel gilt: $(\sin \alpha)^2 + (\cos \alpha)^2 = 1$

Aufgabe 2:

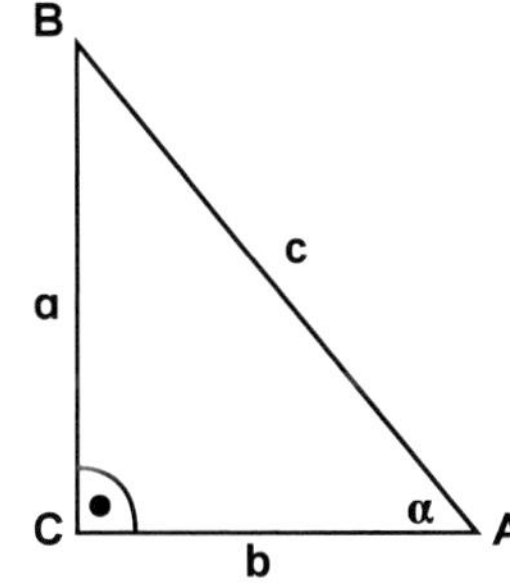

Nach dem Satz des Pythagoras gilt: $a^2 + b^2 = c^2$

Division durch c^2 ergibt: $a^2 / c^2 + b^2 / c^2 = c^2 / c^2$

Durch Umformung erhält man: $(a / c)^2 + (b / c)^2 = 1$

Bei Anwendung der Definition von Sinus und Kosinus folgt: $(\sin \alpha)^2 + (\cos \alpha)^2 = 1$, was zu zeigen war.

Aufgabe 3:

gegeben: $\sin 40° \approx 0,6428$

gesucht: $\cos 40°$

Lösung: Aus $(\sin \alpha)^2 + (\cos \alpha)^2 = 1$ folgt $(\cos \alpha)^2 = 1 - (\sin \alpha)^2$

$(\cos 40°)^2 \approx 1 - 0,6428^2$

$\cos 40° \approx \sqrt{(1 - 0,6428^2)}$

$\cos 40° \approx 0,7660$

Aufgabe 4:

gegeben: $\sin 30° = \frac{1}{2}$

gesucht: $\cos 30°$

Lösung: $(\sin \alpha)^2 + (\cos \alpha)^2 = 1$ folgt $(\cos \alpha)^2 = 1 - (\sin \alpha)^2$

$(\cos 30°)^2 = 1 - (\frac{1}{2})^2$

$(\cos 30°)^2 = 1 - \frac{1}{4} = \frac{3}{4}$

$\cos 30° = \sqrt{(\frac{3}{4})}$

$\cos 30° = \frac{1}{2} \cdot \sqrt{3}$

4 Die Lösungen

2 Trigonometrische Funktionen

2.1 Periodische Vorgänge in Natur und Technik

Aufgabe 1: Im Bild könnte die Aufzeichnung der elektrischen Aktivitäten der Herzmuskelfasern mittles Elektrokardiogramm (EKG) dargestellt sein.

Aufgabe 2: *Beispiele für zeitlich periodische Vorgänge in Natur und Technik sind:*

Schallschwingungen, Erdbebenwellen, Kolben im Verbrennungsmotor, Rotationsbewegungen von Rädern und Turbinen, Wechselstrom, jährlicher Umlauf der Erde um die Sonne, Rotation der Erde und die daraus resultierende scheinbare tägliche Bewegung der Sonne, Umlauf des Mondes um die Erde.

Aufgabe 3:

- *Charakteristik der allgemeinen Merkmale zeitlich periodischer Vorgänge:*
  Bestimmte Kenngrößen des Vorganges nehmen nach gleichen Zeitintervallen gleiche Werte an.
- *Größen zur Beschreibung periodischer Vorgänge:*
  Intervall, nachdem sich die Kenngrößen wiederholen (Periode), maximaler Wert der Kenngröße.

2 2.2 Größen zur Beschreibung periodischer Vorgänge am Beispiel des Wechselstromes

Aufgabe 1: Individuelle Lösung.

Aufgabe 2: Die Drehbewegung des Rotors ist ein periodischer Vorgang. Dadurch ändert sich die Position des Magnetfeldes zu den Induktionsspulen ebenfalls periodisch, was Voraussetzung für die Induktion einer elektrischen Spannung ist.

Aufgabe 3:

① Amplitude (auch: Scheitelwert)
② Spitze-Tal-Wert
③ Effektivwert
④ Periodendauer

Aufgabe 4: Die Größe „Frequenz" gibt an, wie viele Schwingungen pro Sekunde vollzogen werden. Die Einheit der Frequenz ist Hertz (Hz). Es gilt: 1Hz = 1/s.

2 2.3 Kreisbewegung, Gradmaß und Bogenmaß eines Winkels

Aufgabe 1: Durch Messen erhält man zunächst für den überstumpfen Winkel $\alpha_1 = 237°$. Da sich der Punkt P innerhalb des dritten Umlaufs befinden soll, folgt für den gesuchten Winkel $\alpha = 237° + 2 \cdot 360°$ und somit gilt: $\boldsymbol{\alpha = 957°}$.

Aufgabe 2:

α im Gradmaß	15°	60°	75°	210°	420°
α im Bogenmaß	$\pi / 12$	$\pi / 3$	$5\pi / 12$	$7\pi / 6$	$7\pi / 3$

4 Die Lösungen

2 2.4 Definition von Sinus und Kosinus eines Winkels am Einheitskreis

<u>Aufgabe 1</u>:

α	sin α	cos α	tan α
0°	0	1	0
90°	1	0	nicht definiert tan α → ∞

<u>Aufgabe 2</u>:

1) Das Dreieck in (II) stimmt in einer Seite, nämlich dem Radius sowie zwei Winkeln – einem rechten Winkel und dem Winkel α – mit dem Dreieck in (I) überein.

Daraus folgt die Kongruenz beider Dreiecke, was begründet, dass gilt: $v_2 = v_1$. Damit ist bewiesen, dass gilt: sin (180°- α) = sin α.

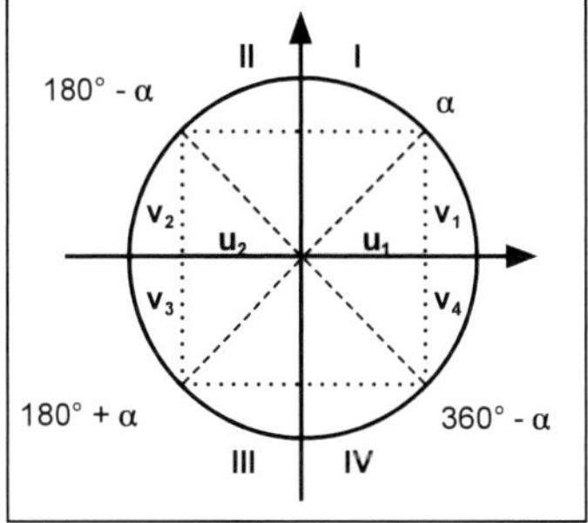

2) Das Dreieck in (III) stimmt in einer Seite, nämlich dem Radius sowie zwei Winkeln – einem rechten Winkel und dem Winkel α – mit dem Dreieck in (I) überein.

Daraus folgt die Kongruenz beider Dreiecke, was begründet, dass gilt: $v_3 = -v_1$. Damit ist bewiesen, dass gilt: sin (180° + α) = - sin α.

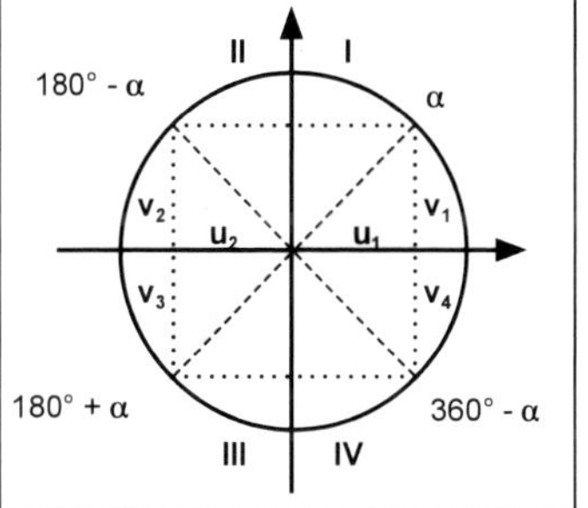

3) Das Dreieck in (IV) stimmt in einer Seite, nämlich dem Radius sowie zwei Winkeln – einem rechten Winkel und dem Winkel α – mit dem Dreieck in (I) überein.

Daraus folgt die Kongruenz beider Dreiecke, welche die Seite u_1 als gemeinsame Seite haben. Damit ist bewiesen, dass gilt: cos (360°- α) = cos α.

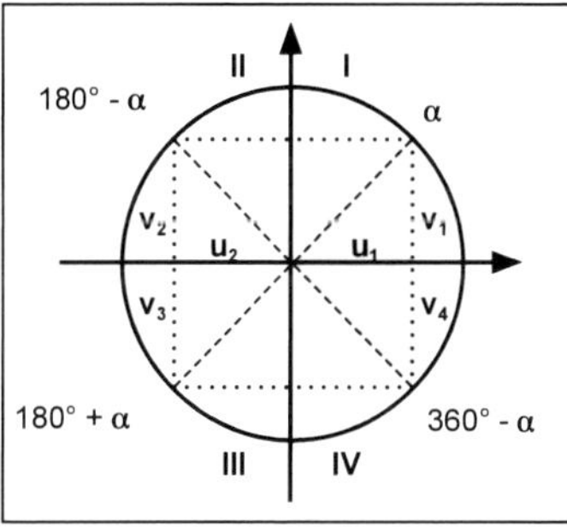

<u>Aufgabe 3</u>:

α	im Gradmaß	45°	60°	**90°**	**150°**	210°	**300°**	480°	**570°**
	im Bogenmaß	$\frac{\pi}{4}$	$\frac{\pi}{3}$	$\frac{\pi}{2}$	$\frac{5\pi}{6}$	$\frac{7\pi}{6}$	$\frac{5\pi}{3}$	$\frac{8\pi}{3}$	$\frac{19\pi}{6}$
sin α	exakter Wert	$\frac{\sqrt{2}}{2}$	$\frac{\sqrt{3}}{2}$	**1**	$\frac{1}{2}$	$-\frac{1}{2}$	$-\frac{\sqrt{3}}{2}$	$\frac{\sqrt{3}}{2}$	$-\frac{1}{2}$
	Dezimalzahl ≈	0,7071	**0,8660**	**1**	**0,5**	**-0,5**	**-0,8660**	**0,8660**	**-0,5**
cos α	exakter Wert	$\frac{\sqrt{2}}{2}$	$\frac{1}{2}$	**0**	-	$-\frac{\sqrt{3}}{2}$	$\frac{1}{2}$	$-\frac{1}{2}$	$-\frac{\sqrt{3}}{2}$
	Dezimalzahl ≈	0,0701	**0,5**	**0**	**-0,8660**	**-0,8660**	**0,5**	**-0,5**	**-0,8660**

4 Die Lösungen

2 2.5 Die Sinusfunktion f(x) = sin x

Aufgabe 1: individuelle Zeichnungen

inhaltlich: **Die Punktmenge liegt auf dem Graph der Sinusfunktion, welcher durch Verbinden der Punkte entsteht.**

Aufgabe 2: Zum Beispiel:

x	-2π	$\frac{-7\pi}{4}$	$\frac{-3\pi}{2}$	$\frac{-5\pi}{4}$	$-\pi$	$\frac{-3\pi}{4}$	$\frac{-\pi}{2}$	$\frac{-\pi}{4}$	0
sinx	0	0,7071	1	0,7071	0	-0,7071	-1	-0,7071	0

x	0	$\frac{\pi}{4}$	$\frac{\pi}{2}$	$\frac{-3\pi}{4}$	π	$\frac{5\pi}{4}$	$\frac{3\pi}{2}$	$\frac{7\pi}{4}$	2π
sinx	0	0,7071	1	0,7071	0	-0,7071	-1	-0,7071	0

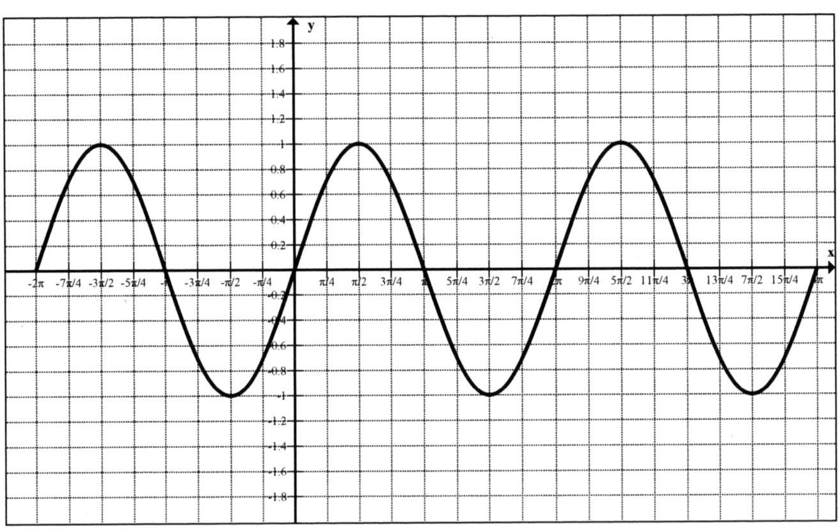

Aufgabe 3:

a) Die Nullstellen der Funktion f(x) = sin x im Intervall $[-2\pi \leq x \leq 2\pi]$ sind:
$x_1 = -2\pi$, $x_2 = -\pi$, $x_3 = 0$, $x_4 = \pi$ und $x_5 = 2\pi$

b) Im gesamten Definitionsbereich liegen die Nullstellen bei allen ganzzahligen Vielfachen von π.

Aufgabe 4:

a) $x_1 \approx 0{,}9$ $x_2 \approx 2{,}2$ $x_3 \approx \approx -5{,}4$ $x_4 \approx -4{,}1$

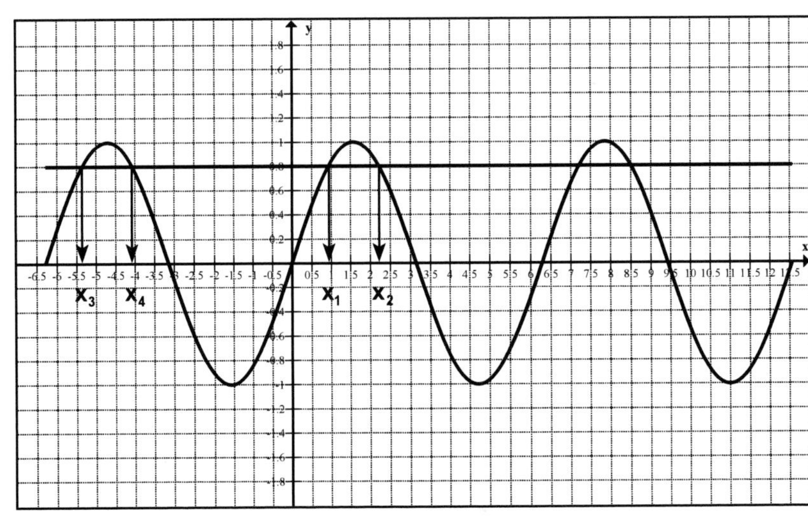

4 Die Lösungen

2 2.5 Die Sinusfunktion f(x) = sin x

<u>Aufgabe 4:</u>

b) Die erste Basislösung x_1 im Grundintervall $[-2\pi \leq x \leq 2\pi]$ erhält man mit der Umkehrtaste des TR, zum Beispiel „SHIFT" „sin" 0,8. $\rightarrow$ **$x_1 \approx 0{,}9273$**

Die zweite Basislösung erhält man durch Betrachtungen am Einheitskreis. $\rightarrow$ **$x_2 \approx \pi - 0{,}9273$**

Wegen der Periodizität ergeben sich im gesamten Definitionsbereich die Lösungen
$x_{1k} \approx 0{,}9273 + 2k\pi,\ k \in Z$ und $x_{2k} \approx \pi - 0{,}9273 + 2k\pi,\ k \in Z$

<u>Aufgabe 5:</u>

a) $f(\pi/6) = 0{,}5$; $f(\frac{-\pi}{6}) = -0{,}5$ ⇨ $f(\frac{-\pi}{6}) = -f(\frac{\pi}{6})$

b) $f(\frac{\pi}{2}) = 1$; $f(\frac{-\pi}{2}) = -1$ ⇨ $f(\frac{-\pi}{2}) = -f(\frac{\pi}{2})$

c) Die Beispiele lassen auf Punktsymmetrie zum Koordinatenursprung schließen.

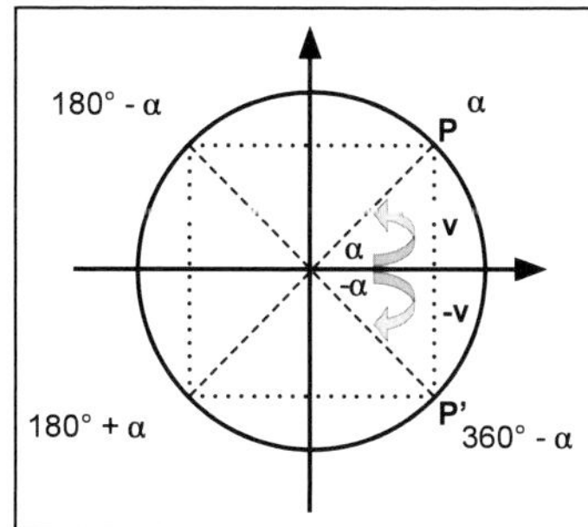

Am Einheitskreis entsprechen die Ordinaten v des Punktes P dem Wert des Sinus.

Zum positiven Drehwinkel α (zu Punkt P im ersten Quadranten) gehört die Ordinate v.
Zum negativen Drehwinkel -α (zu Punkt P' im vierten Quadranten) gehört die Ordinate -v.
Folglich gilt: sin(-α) = -sin α

<u>Aufgabe 6:</u>

f(x) = sin x		Formeln
Definitionsbereich	D = R	
Wertebereich	W = [-1; 1]	
Symmetrie	punktsymmetrisch zu (0;0)	sin(-x) = - sin(x)
kleinste Periode	2π	$\sin(x + 2k\pi) = \sin x;\ k \in Z$
Nullstellen	$xk = k\pi;\ k \in Z$	
Hochpunkte	$H\ (\frac{\pi}{2} + 2k\pi;\ k \in Z;\ 1)$	
Tiefpunkte	$T\ (\frac{3\pi}{2} + 2k\pi;\ k \in Z;\ -1)$	

4 Die Lösungen

2 2.6 Modifikation der Sinusfunktion

Aufgabe 1:

x	0	$\frac{\pi}{6}$	$\frac{\pi}{2}$	$\frac{5\pi}{6}$	π	$\frac{7\pi}{6}$	$\frac{9\pi}{6}$	$\frac{11\pi}{6}$	2π
$g_1(x) = 2 \cdot \sin x$	0	1	2	1	0	-1	-2	-1	0
$g_2(x) = 3 \cdot \sin x$	0	$\frac{3}{2}$	3	$\frac{3}{2}$	0	$-\frac{3}{2}$	-3	$-\frac{3}{2}$	0
$g_3(x) = -2 \cdot \sin x$	0	-1	-2	-1	0	1	2	1	0

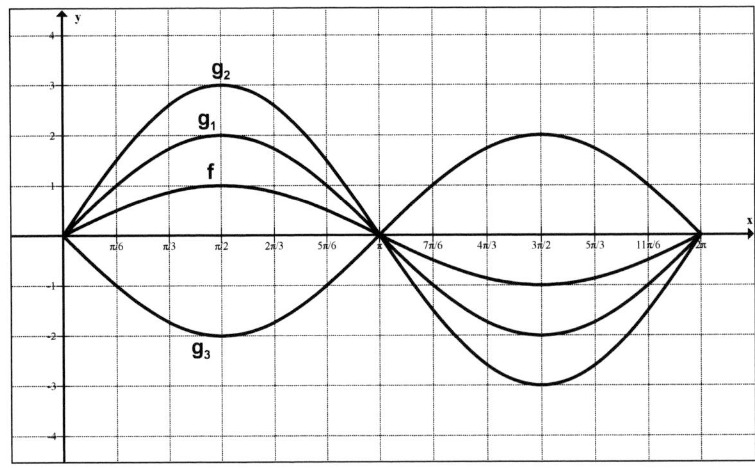

Aufgabe 2:

a) $g(x) = 0{,}5 \cdot \sin x$, **W [$-0{,}5 \le y \le 0{,}5$]**

b) $g(x) = 2{,}5 \cdot \sin x$, **W [$-2{,}5 \le y \le 2{,}5$]**

c) $g(x) = -\sin x$ **W [$-1 \le y \le 1$]**

d) $g(x) = -4 \cdot \sin x$, **W [$-4 \le y \le 4$]**

KOHL VERLAG Kurvendiskussion / Trigonometrische Funktionen – Bestell-Nr. 11 855

4 Die Lösungen

2 2.6 Modifikation der Sinusfunktion

Aufgabe 3:

x	0	$\frac{\pi}{4}$	$\frac{\pi}{2}$	$\frac{3\pi}{4}$	π	$\frac{5\pi}{4}$	$\frac{3\pi}{2}$	$\frac{7\pi}{4}$	2π
$g_1(x) = \sin(2x)$	0	1	0	-1	0	1	0	-1	0
$g_2(x) = \sin(0{,}5x)$	0	≈ 0,38	≈ 0,71	≈ 0,92	1	≈ 0,92	≈ 0,71	≈ 0,38	0

Fortsetzung

x	2π	$\frac{9\pi}{4}$	$\frac{5\pi}{2}$	$\frac{11\pi}{4}$	3π	$\frac{13\pi}{4}$	$\frac{7\pi}{2}$	$\frac{15\pi}{4}$	4π
$g_1(x) = \sin(2x)$	0	1	0	-1	0	1	0	-1	0
$g_2(x) = \sin(0{,}5x)$	0	≈ -0,38	≈ -0,71	≈ -0,92	-1	≈ -0,92	≈ -0,71	≈ -0,38	0

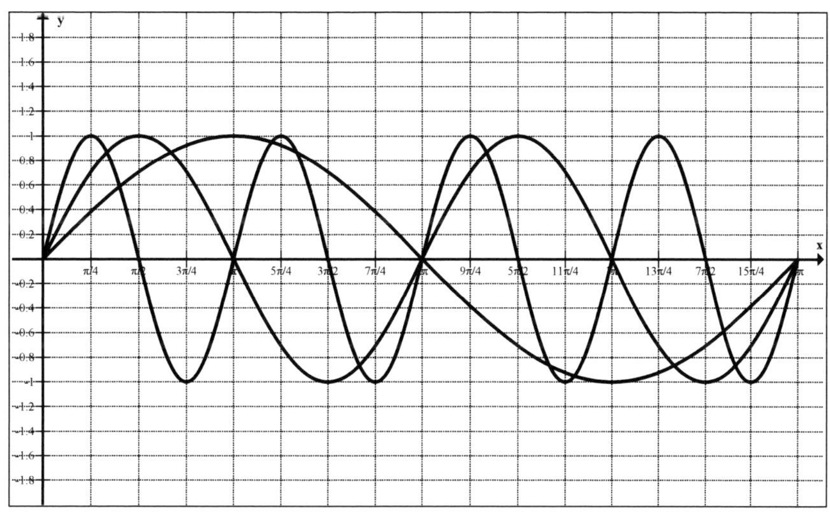

Aufgabe 4: Die kleinste Periode der Funktion $g(x) = \sin(\pi \cdot x)$ ist **2**.

Aufgabe 5:

x	0	$\frac{\pi}{6}$	$\frac{\pi}{2}$	$\frac{5\pi}{6}$	π	$\frac{7\pi}{6}$	$\frac{3\pi}{2}$	$\frac{11\pi}{6}$	2π
$g_1(x) = \sin(x + \pi)$	0	-0,5	-1	-0,5	0	0,5	1	0,5	0
$g_2(x) = \sin(x - \frac{\pi}{2})$	-1	-0,87	0	0,87	1	0,87	0	-0,87	-1

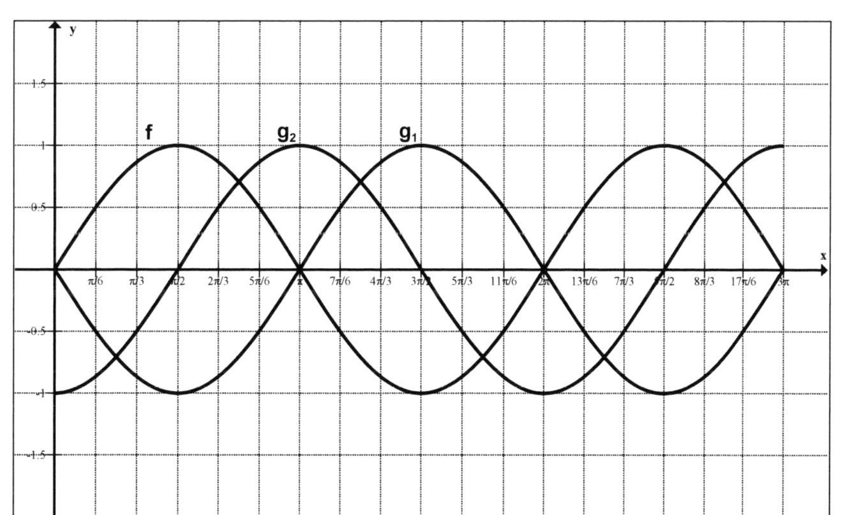

4 Die Lösungen

2 2.6 Modifikation der Sinusfunktion

Aufgabe 6: Wahr sind:

[x] **C** Weder Periode noch Amplitude der Funktion g(x) = sin (x +1) unterscheiden sich von Periode und Amplitude der Funktion f(x) = sin x.

[x] **D** Der Graph der Funktion g(x) = sin (x +0,5) ist aus dem Graph der Funktion f(x) = sin x durch Verschiebung um -0,5 in Richtung der x-Achse hervorgegangen.

Aufgabe 7:

x	0	$\frac{\pi}{6}$	$\frac{\pi}{2}$	$\frac{5\pi}{6}$	π	$\frac{7\pi}{6}$	$\frac{9\pi}{6}$	$\frac{11\pi}{6}$	2π
$g_1(x)$ = sin x +2	2	$\frac{5}{2}$	3	$\frac{5}{2}$	2	$\frac{3}{2}$	1	$\frac{3}{2}$	2
$g_2(x)$ = sin x +1	1	$\frac{3}{2}$	2	$\frac{3}{2}$	1	$\frac{1}{2}$	0	$\frac{1}{2}$	1
$g_3(x)$ = sin x -3	-3	$-\frac{5}{2}$	-2	$-\frac{5}{2}$	-3	$-\frac{7}{2}$	-4	$-\frac{7}{2}$	-3

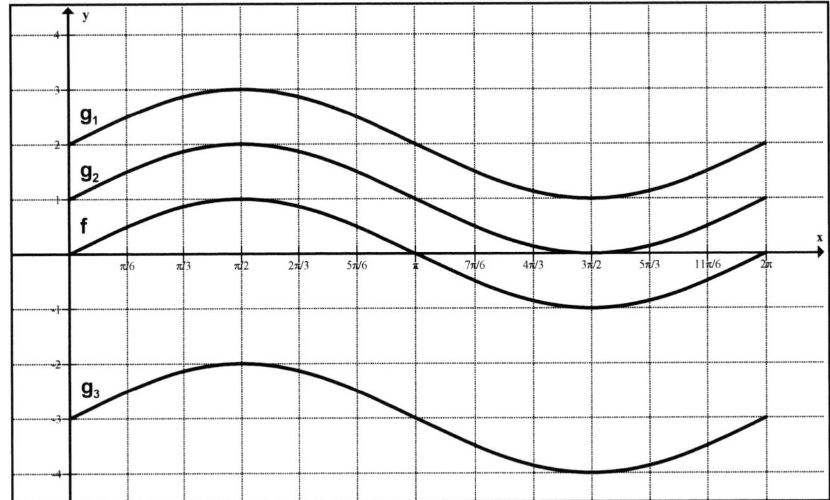

Aufgabe 8: W = [-2 ≤ x ≤ 0]

Aufgabe 9: Die Aussage „Der Graph der Funktion g(x) = sin(x -3) + 3 ist identisch mit dem Graph der Funktion f(x) = sin x, weil -3 + 3 = 0 gilt." **ist falsch, denn der Graph g ist im Vergleich zum Graph f um 3 in Richtung der x-Achse als auch um 3 in Richtung der y-Achse verschoben.**

4 Die Lösungen

2 2.7 Kombination von Modifikationen der Sinusfunktion

Aufgabe 1: **a = 2,5**

p = $\frac{3\pi}{2}$

Aus p = $\frac{2\pi}{b}$ folgt **b = $\frac{2\pi}{\left(\frac{3\pi}{2}\right)} = \frac{4}{3}$**

Aufgabe 2: **a)**

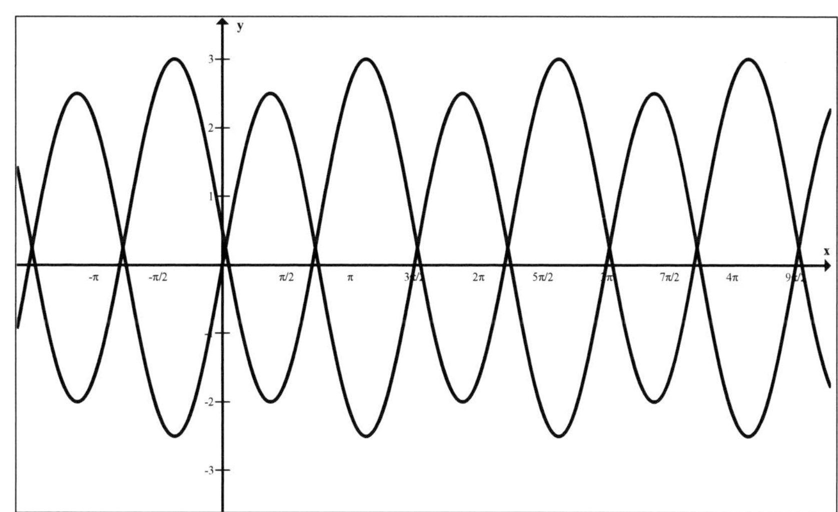

b) Die Funktion g(x) = -2,5 · sin($\frac{4}{3}$ · x) + 0,5 hat den Wertebereich **[-2 ≤ y ≤ 3]**.

Aufgabe 3: Wahr sind:

☒ **A** Die Funktion h(x) = 2 · sin(0,5 · x) hat die kleinste Periode p = 4π.

☒ **D** Der Wertebereich der Funktion h(x) = 2 · sin(0,5 · x) ist W = [-2 ≤ y ≤ 2].

2 2.8 Puzzeln mit Sinusfunktionen

Aufgabe 1:

Graph	A	B	C	D	E	F	G
Funktion f	f_5	f_3	f_7	f_2	f_1	f_6	f_4

2

2.9 Die Kosinusfunktion f(x) = cos x, x ∈ R

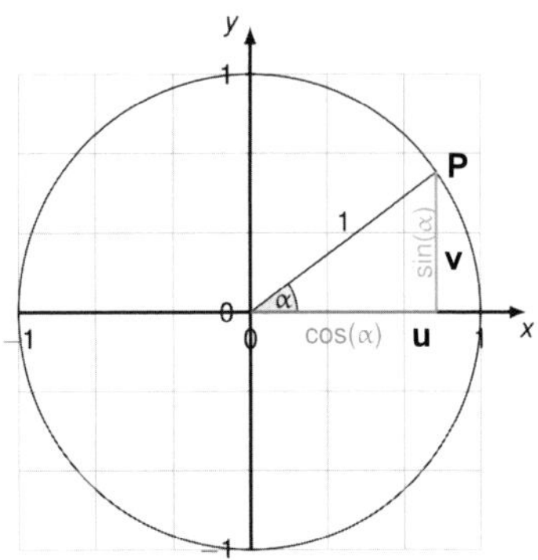

Aufgabe 1:

a) cos 0° = 1 gilt, weil die Abszisse u des Punktes P mit abnehmendem Winkel α wächst und am Einheitskreis für α = 0° den maximalen Wert r = 1 annimmt.

b) cos 90° = 0 gilt, weil die Abszisse u des Punktes P mit zunehmendem Winkel α kleiner wird und am Einheitskreis für α = 90° den minimalen Wert r = 0 annimmt.

Aufgabe 2:

x	**-2π**	$\frac{-7\pi}{4}$	$\frac{-3\pi}{2}$	$\frac{-5\pi}{4}$	**-π**	$\frac{-3\pi}{4}$	$\frac{-\pi}{2}$	$\frac{-\pi}{4}$	**0**
fx) = cos x	1	≈ 0,71	0	≈ -0,71	-1	≈ -0,71	0	≈ 0,71	1

x	**0**	$\frac{\pi}{4}$	$\frac{\pi}{2}$	$\frac{3\pi}{4}$	**π**	$\frac{5\pi}{4}$	$\frac{3\pi}{2}$	$\frac{7\pi}{4}$	**2π**
fx) = cos x	1	≈ 0,71	0	≈ -0,71	-1	≈ -0,71	0	≈ 0,71	1

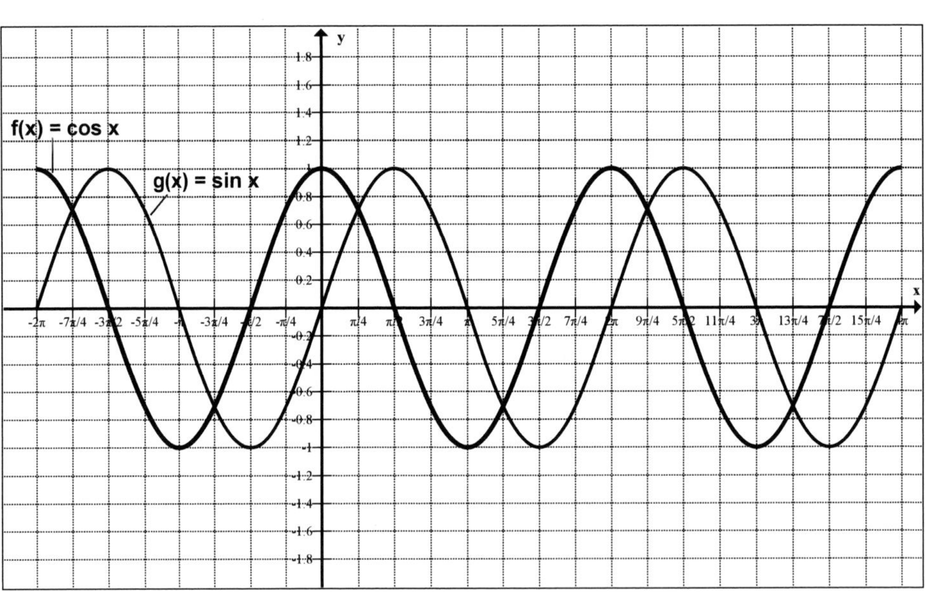

Aufgabe 3:

a) Die Funktion f(x) = cos x hat im Intervall [-2π ≤ x ≤ 2π] folgende Nullstellen:
$x_1 = \frac{-3\pi}{2}$, $x_2 = \frac{-\pi}{2}$, $x_3 = \frac{\pi}{2}$, $x_4 = \frac{3\pi}{2}$

b) Im gesamten Definitionsbereich hat die Kosinusfunktion vermutlich Nullstellen bei allen ungeradzahligen Vielfachen von $\frac{\pi}{2}$.
$x_k = (2k + 1) \cdot \frac{\pi}{2}$, k ∈ Z

Aufgabe 4:

a) $\cos(\frac{\pi}{3}) = 0,5$; $\cos(\frac{-\pi}{3}) = 0,5$ ⇨ $\cos(\frac{-\pi}{3}) = \cos(\frac{\pi}{3})$

b) $\cos(\frac{\pi}{4}) \approx 0,7071$ $\cos(\frac{-\pi}{4}) \approx 0,7071$ ⇨ $\cos(\frac{-\pi}{4}) = \cos(\frac{\pi}{4})$

c) Die Beispiele lassen auf Achsensymmetrie zur y-Achse schließen.

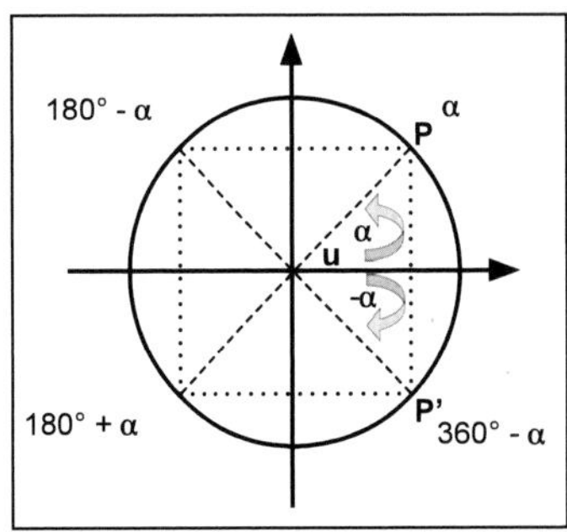

Am Einheitskreis entsprechen die Abszissen u des Punktes P dem Wert des Kosinus.

Zum positiven Drehwinkel α (zu Punkt P im ersten Quadranten) gehört die Abszisse u.

Zum negativen Drehwinkel -α (zu Punkt P' im vierten Quadranten) gehört ebenfalls die Abszisse u.

Folglich gilt: cos(-α) = cos α

KOHL VERLAG Kurvendiskussion / Trigonometrische Funktionen – Bestell-Nr. 11 855

4 Die Lösungen

2 2.9 Die Kosinusfunktion $f(x) = \cos x, x \in R$

Aufgabe 5:

$f(x) = \cos x, x \in R$		Formeln
Definitionsbereich	D = R	
Wertebereich	W[-1; 1]	
Symmetrie	achsensymmetrisch zur y-Achse	$\cos(-x)$ = ???
kleinste Periode	2π	$\cos(x + 2k\pi) = \cos x;\ k \in Z$
Nullstellen	$x_k = (2k + 1) \cdot \frac{\pi}{2},\ k \in Z$	
Hochpunkte	$H\,(2k\pi;\ k \in Z;\ 1)$	
Tiefpunkte	$T((2k + 1) \cdot \pi;\ k \in Z;\ -1)$	

2 2.10 Die Tangensfunktion $f(x) = \tan x$

Aufgabe 1:

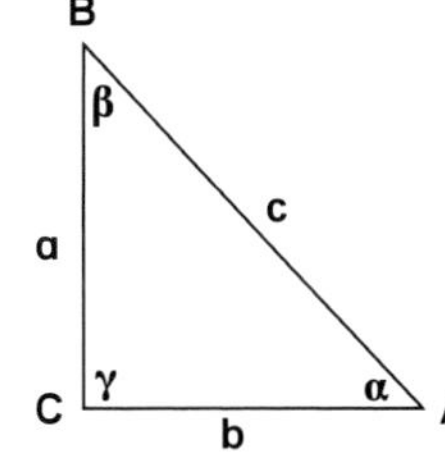

Für nebenstehendes Dreieck ABC gilt:

Aus $\gamma = 90°$ und $\alpha = 45°$ (im Bogenmaß $\pi/4$) folgt $\beta = 45°$

Aus der Seiten-Winkel-Beziehung folgt, dass das Dreieck ABC gleichschenklig ist und es gilt $a = b$.

Allgemein gilt $\tan \alpha = \frac{a}{b}$ und folglich **$\tan 45° = \frac{a}{a} = 1$**, was zu zeigen war.

Aufgabe 2: Der Tangens ist als Quotient von Sinus und Kosinus eines Winkels definiert.

Für $x = \frac{\pi}{2}$ nimmt der Kosinus – und damit der Divisor – den Wert Null an. Division durch Null ist aber nicht möglich. Allerdings kann man sich beliebig dicht an den Wert $x = \frac{\pi}{2}$ annähern. Die Funktionswerte der Tangensfunktion werden dabei immer größer, da die Werte des Divisors, der ja durch den Kosinus bestimmt wird, immer kleiner werden.

Die senkrechte Asymptode wird durch die Gleichung $\mathbf{x = \frac{\pi}{2}}$ beschrieben.

Aufgabe 3: Die Tangensfunktion ist punktsymmetrisch zum Koordinatenursprung.

Beispiel: $\tan(\frac{\pi}{4}) = 1$, $\tan(\frac{-\pi}{4}) = -1$ ⇨ $\mathbf{\tan(\frac{-\pi}{4}) = -\tan(\frac{\pi}{4})}$

Aufgabe 4: Aus $\tan x = \frac{\sin(x)}{\cos(x)}$ folgt, dass der Quotient den Wert Null annimmt,

wenn der Dividend den Wert Null annimmt, also genau an den Nullstellen der Sinusfunktion. (An diesen Stellen ist der Divisor ungleich Null.) Folglich haben die Funktionen $f(x) = \tan x$ und $f(x) = \sin(x)$ die gleichen Nullstellen. Die Nullstellen der Tangensfunktion im Intervall $[-2\pi \le x \le 2\pi]$ sind:

$\mathbf{x_1 = -2\pi,\quad x_2 = -\pi,\quad x_3 = 0,\quad x_4 = \pi,\quad x_5 = 2\pi.}$

4 Die Lösungen

2 2.10 Die Tangensfunktion f(x) = tan x

Aufgabe 5: Beispiel für eine Wertetabelle:

x	$-\frac{3\pi}{2}$	$-\frac{5\pi}{4}$	$-\pi$	$-\frac{3\pi}{4}$	$\frac{-\pi}{2}$	$\frac{-\pi}{4}$	**0**	$\frac{\pi}{4}$	$\frac{\pi}{2}$	$\frac{3\pi}{4}$	π	$\frac{5\pi}{4}$	$\frac{3\pi}{2}$
f(x) = tan x	/	-1	0	1	/	-1	0	1	/	-1	0	1	/

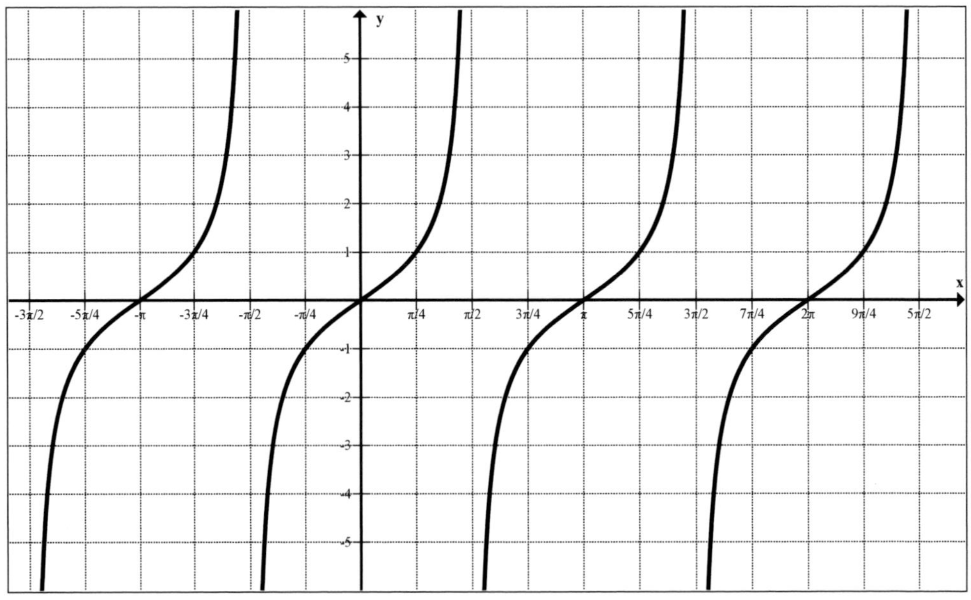

Aufgabe 6:

f(x) = tanx		Formeln
Definitionsbereich	D = { x ∈ R und x ≠ $\frac{\pi}{2}$ + k · π; k ∈ Z }	
Wertebereich	W = R	
Symmetrie	punktsymmetrisch zum Koordinatenursprung	tan(-x) = - tan(x)
kleinste Periode	π	tan(x + k π) = tan x
Nullstellen	x_k = kπ, k ∈ Z	
Extrempunkte	keine	

Aufgabe 7: Der gesuchte Winkel, bei welchem tan x = 100 gilt, beträgt **89,4271°** bzw. im Bogenmaß **1,5608** (RAD).

Aufgabe 8:

tan x	1000	10 000	100 000
x in Grad	**≈ 89,942704**	**≈ 89,994270**	**≈ 89,999427**

Schlussfolgerung: $\lim_{x \to \frac{\pi}{2}} \tan x = \infty$.

4 Die Lösungen

2 2.11 Trigonometrische Gleichungen

Aufgabe 1: Die Lösungen der Gleichung sind die Abszissen der Schnittpunkte der entsprechenden Graphen im vorgegebenen Intervall.

a) $x_1 =$ und $x_2 = \frac{5\pi}{4}$

b) $x_1 = 0$, $x_2 = \pi$ und $x_3 = 2\pi$

Aufgabe 2:

a) $2 \cdot \sin(\frac{\pi}{3} \cdot x) = \sqrt{3}$ |: 2

$\sin(\frac{\pi}{3} \cdot x) = \sqrt{\frac{3}{2}}$ | Substitution $\frac{\pi}{3} \cdot x = z$

$\sin z = \sqrt{\frac{3}{2}}$

$z_1 = \frac{\pi}{3}$ und $z_1 = \frac{2\pi}{3}$

$x_1 = 1$ und $x_2 = 2$ | erhält man durch Resubstitution $x = z \cdot \frac{3}{\pi}$

Die Gleichung hat im Intervall $[0 \leq x \leq \pi]$ die Lösungen $x_1 = 1$ und $x_2 = 2$.

b) $4 \cdot (\cos(2x) + 0{,}25) = 3$ | : 4

$\cos(2x) + 0{,}25 = \frac{3}{2}$ | - 0,25

$\cos(2x) = \frac{1}{2}$ | Substitution $2 \cdot x = z$

$\cos z = \frac{1}{2}$

$z_1 = \frac{\pi}{3} + 2k\pi$ und $z_2 = \frac{5\pi}{3} + 2k\pi$

$x_1 = \frac{\pi}{6} + k\pi$ und $x_2 = \frac{5\pi}{6} + k\pi$ | erhält man durch Resubstitution $x = \frac{z}{2}$

Beachte, dass sich auch die Periode auf die Hälfte verkürzt.

Die Gleichung hat in R die Lösungen $x_1 = \frac{\pi}{6} + k\pi$ und $x_2 = \frac{5\pi}{6} + k\pi$.

c) $3 \cdot \tan(2x) - 2 = 10$ | +2

$3 \cdot \tan(2x) = 12$ | : 3

$\tan(2x) = 4$ | Substitution $2 \cdot x = z$

$\tan z = 4$

$z \approx 1{,}3258 + k\pi$

$x \approx 0{,}6629 + k \cdot \frac{\pi}{2}$

Beachte, dass sich auch die Periode auf die Hälfte verkürzt.

Die Gleichung hat in R die Lösungen $x \approx 0{,}6629 + k \cdot \frac{\pi}{2}$.

4 Die Lösungen

2 2.12.1 Die Beschreibung der Tageslänge mit einer Sinusfunktion

Aufgabe 1: Die Tageslänge ist abhängig
- vom geographischen Ort
- von der Jahreszeit

Aufgabe 2:

Datum	21. März	21. Juni	21. September	21. Dezember
Tag	0	92	184	275
Taglänge in h	12,27	16,65	12,27	7,90

Aufgabe 3: Amplitude a:

$$a = \frac{(16{,}65 - 7{,}90)}{2} = \underline{\mathbf{4{,}375}}$$

Bedeutung: Die Amplitude gibt die maximale Abweichung der Tageslänge von der mittleren Tageslänge an.

Mittlere Tageslänge d:

$$d = \frac{(16{,}65 + 7{,}90)}{2} = \underline{\mathbf{12{,}275}}$$

Bedeutung: Die mittlere Tageslänge d entspricht der Verschiebung des Graphen in Richtung der y-Achse.

Faktor b:

$$\frac{2\pi}{365} = 0{,}0172$$

Bedeutung: Der Faktor b beeinflusst die Periodendauer p und umgekehrt.

Funktionsgleichung: **$f(x) = y = 4{,}375 \cdot \sin(0{,}0172 \cdot x) + 12{,}275$**

Aufgabe 4:

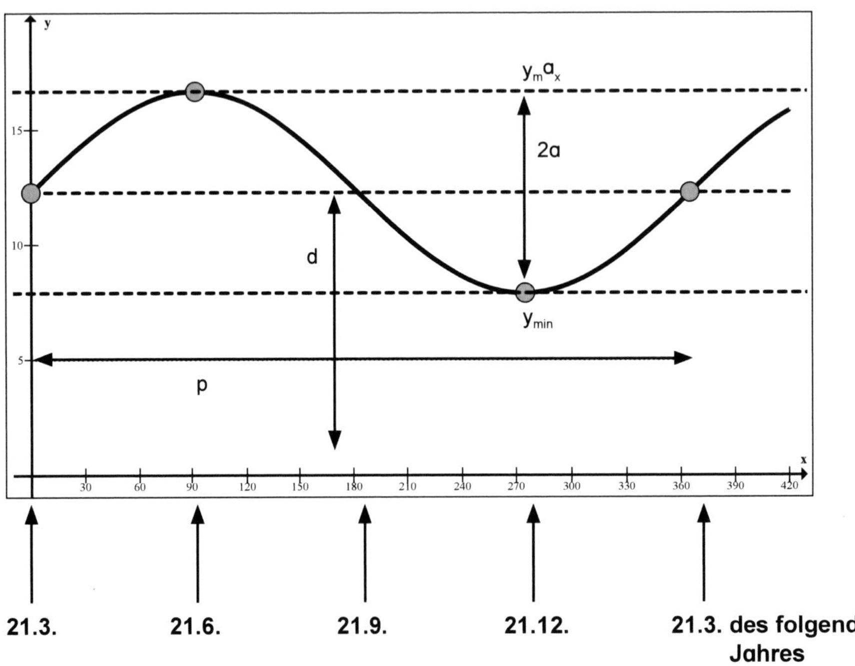

KOHL VERLAG Kurvendiskussion / Trigonometrische Funktionen – Bestell-Nr. 11 855

4 Die Lösungen

2 2.12.2 Tidenkurven der Gezeiten

Aufgabe 1: Der bisher gemessene maximale Tidenhub an der deutschen Nordseeküste wurde in Wilhelmshaven mit **4,90 m** gemessen. (Quelle: Wikipedia)

Aufgabe 2: **a)**

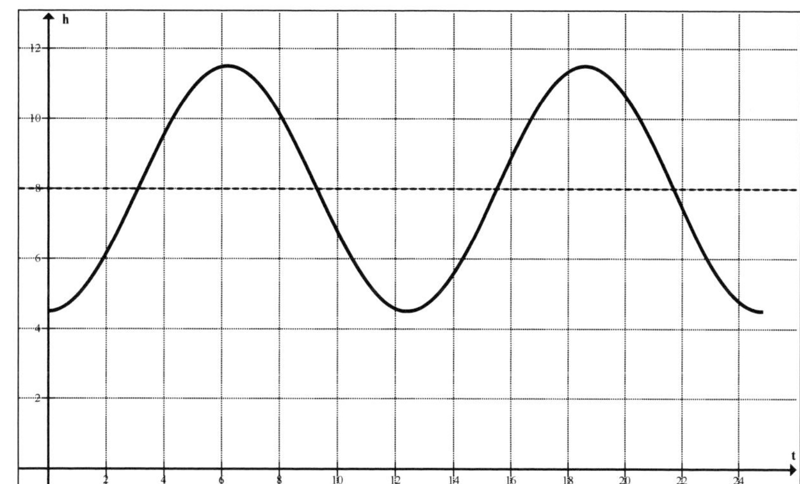

b) Fluthöchststand: **8.12 Uhr** bzw. 12.13 Uhr (2 Uhr + 6h + 12,5 min)

Ebbetiefststand: **14.24 Uhr** bzw. 12.25 Uhr (2 Uhr + 12h + 25 min)

Fluthöchststand: **20.36 Uhr** bzw. 20.38 Uhr (2 Uhr + 18h + 37,5 min)

c) Gesucht sind die Zeitintervalle, für welche gilt: $h(t) = 8 - 3{,}5 \cdot \cos(\frac{5\pi}{31} \cdot t) \geq 10$

Wir lösen die Gleichung $8 - 3{,}5 \cdot \cos(\frac{5\pi}{31} \cdot t) = 10$ | Substitution $\frac{5\pi}{31} \cdot t = z$

$$8 - 3{,}5 \cdot \cos z = 10$$

$$\cos z = -\frac{2}{3{,}5} \approx -0{,}5714$$

Für die erste Periode der Funktion f(z) folgt:

$z_1 = 2{,}179$ und $z_2 = 4{,}104$ | Resubstitution $t = \frac{31z}{5\pi}$

$x_1 \approx 4{,}3 + k \cdot 12{,}42$ und $x_2 \approx 8{,}1 + k \cdot 12{,}42$ | bei Beachtung der Periodizität

Die erste Passagiermöglichkeit innerhalb von 24 Stunden nach Beginn des Zeitraumes ab 2 Uhr besteht **von 6.18 Uhr bis 10.06 Uhr.**

Die zweite Passagiermöglichkeit innerhalb von 24 Stunden nach Beginn des Zeitraumes ab 2 Uhr besteht **von 18.43 bis Uhr bis 22.31 Uhr.**

4 Die Lösungen

2 2.12.3 Der Federschwinger

Aufgabe 1: **a)** Periodendauer:

Aus $T = 2\pi \cdot \sqrt{(m/D)}$ folgt

$T = 2\pi \cdot \sqrt{(3\ \text{kg} / (29{,}58\ \text{N/m}))}$

$T \approx 2\ s$

Frequenz:

$f = 1/T$

$f = 1/2s =$ **0.5 Hz** | 1 Hz (Hertz) = 1/s

Kreisfrequenz:

$\omega = 2\pi f$

$\omega = 2\pi f = \omega = 2\pi \cdot 0{,}5\ \text{Hz} = \pi\ \text{Hz}$

$\omega = \pi\ \text{Hz} \approx 3{,}14\ \text{Hz}$

b) Die Amplitude y_{max} entspricht der maximalen Auslenkung von 4 cm.

Da bei t = 0 s eine maximale Auslenkung von 4 cm vorliegt, ist eine Phasenverschiebung von $\frac{3\pi}{2}$ zu beachten.

Die Schwingungsgleichung lautet: **$y(t) = 4 \cdot \sin(\pi \cdot t - \frac{\pi}{2})$**

c)

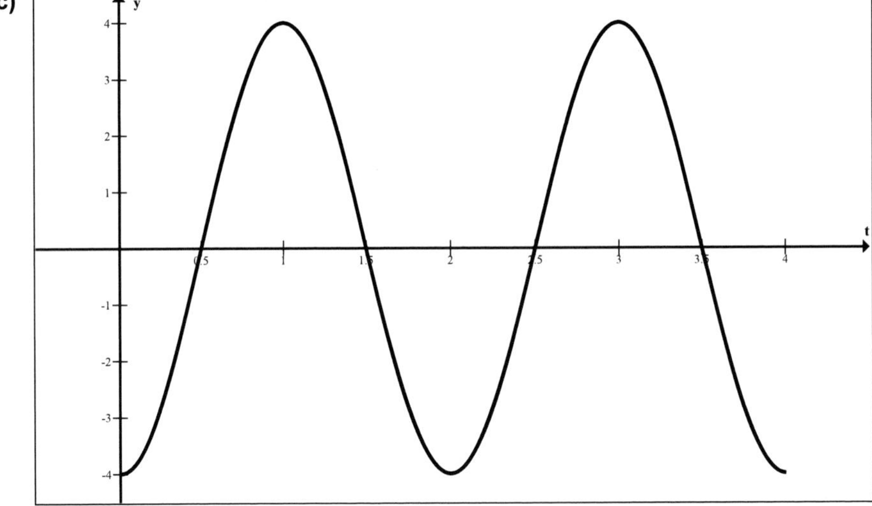

4 Die Lösungen

3 Anwendung der Differentialrechnung auf trigonometrische Funktionen

3.1 Differenzieren von Winkelfunktionen

Aufgabe 1: Die erste Ableitung (x_0) der Funktion f(x) an der Stelle x_0 ist gleich dem Anstieg m der Tangente t an die Funktion im Berührungspunkt $B(x_0; f(x_0))$. Es gilt: $\mathbf{m_t = f'(x_0)}$.

Aufgabe 2:

x	Anstieg der Tangente an die Sinusfunktion an der Stelle x	cos x
$\frac{\pi}{3}$	$\frac{1}{2}$	$\frac{1}{2}$
$\frac{\pi}{2}$	0	0
$\frac{2\pi}{3}$	$-\frac{1}{2}$	$-\frac{1}{2}$
$\frac{3\pi}{2}$	0	0
2π	1	1

Aufgabe 3: Vermutung:
Die Ableitungsfunktion f'(x) der Funktion f(x) = sin x nimmt an jeder Stelle x die gleichen Werte an wie die Funktion f(x) = cos x.

Aufgabe 4: **Die Behauptung „sin(α+ β) = sin α+ sin β" ist falsch, wie folgendes Gegenbeispiel beweist:**

Beispiel:

$\alpha = 30°, \beta = 90°$

Gilt sin (30° + 90°) = sin 30° + sin 90° ?

sin 120° = sin 30° + sin 90° ?

0,866... ≠ 0,5 + 1

0,866... ≠ 1,5

Ein Gegenbeispiel genügt, um die Allgemeingültigkeit einer Aussage zu widerlegen.

Aufgabe 5:

a) $\sin(2\alpha) = \sin(\alpha + \alpha) = \sin\alpha \cdot \cos\alpha + \sin\alpha \cdot \cos\alpha = \mathbf{2 \sin\alpha \cdot \cos\alpha}$

b) $\sin(x_0 + h) = \underline{\mathbf{\sin x_0 \cdot \cos h + \sin h \cdot \cos x_0}}$

Aufgabe 6:

$$\frac{\sin(x_0 + h) - \sin(x_0)}{h}$$

Differenzenquotient:

nach der Umformung: $= \dfrac{\sin(x_0) \cdot \cos(h) \cdot \cos(x_0) - \sin(x_0)}{h}$

Aufgabe 7:

x	0,1	0,01	0,001	0,0001	...	→ 0
$\frac{\sin(h)}{h}$	0,99833...	0,99998...	0,9999998...	0,999999999	...	→ 1
$\frac{\cos(h)-1}{h}$	-0,04996	-0,0049999...	-0,00050	-0,00005	...	→ 0

Vermutung: $\lim_{h \to 0} \frac{\sin(h)}{h} = \underline{\mathbf{1}}$ $\lim_{h \to 0} \frac{\cos(h)-1}{h} = \underline{\mathbf{0}}$

4 Die Lösungen

3 3.1 Differenzieren von Winkelfunktionen

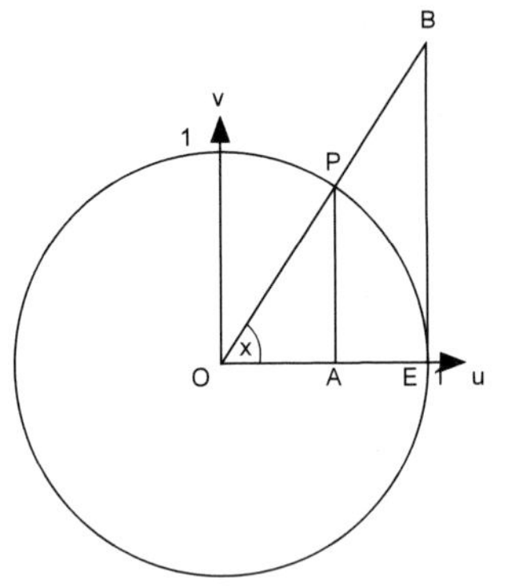

Aufgabe 8: $A_{\Delta OAP} = \mathbf{\frac{1}{2} \cdot \sin x \cdot \cos x}$; die Katheten sind sin x und cos x

$A_{\text{Sektor } OEP} = \mathbf{\frac{1}{2} \cdot x}$; folgt aus $\frac{A_s}{\pi r^2} = \frac{x}{2\pi}$ und r = 1

$A_{\Delta OEB} = \underline{\frac{1}{2} \cdot \frac{\sin x}{\cos x}}$ $(= \frac{1}{2} \cdot \overline{OE} \cdot \overline{EB} = \frac{1}{2} \cdot 1 \cdot \tan x)$

Vergleich
Im Intervall $0 < x < \frac{\pi}{2}$ gilt: $\mathbf{\frac{1}{2} \cdot \sin x \cdot \cos x < \frac{1}{2} \cdot x < ½ \cdot \frac{\sin x}{\cos x}}$

Aufgabe 9:

a) Reziprokbildung, wobei zu beachten ist, dass sich die Relationszeichen umkehren.

b) $\lim\limits_{x \to 0} \frac{1}{\cos x} = \frac{1}{1} = 1$ und $\lim\limits_{x \to 0} \cos x = 1$

Aufgabe 10:

$$\lim_{h \to 0} \frac{\sin(x_0) \cdot \cos(h) + \sin(h) \cdot \cos(x_0) - \sin(x_0)}{h} =$$

$$\sin(x_0) \cdot \lim_{h \to 0} \frac{\cos(h) - 1}{h} + \cos(x_0) \cdot \lim_{h \to 0} \frac{\sin(h)}{h} =$$

$$\sin(x_0) \cdot 0 + \cos(x_0) \cdot 1 = \cos(x_0)$$

Aufgabe 11: Ansatz:

$\sin x = \cos x$ | : cos x

$\sin x / \cos x = 1$ | $x \neq k \cdot \pi/2, k \in Z$

$\tan x = 1$

$\underline{\mathbf{x = \frac{\pi}{4} + k \cdot \pi, k \in Z}}$

Aufgabe 12:

$\tan x = \sin x / \cos x$ | u = sin x, v = cos s

$(\tan x)' = (\cos x \cdot \cos x - \sin x \cdot (-\sin x)) / \cos^2 x$ | $(u \cdot v)' = (u' \cdot v - u \cdot v') / v^2$

$(\tan x)' = \cos^2 x / \cos^2 x + \sin^2 x / \cos^2 x$

$\underline{\mathbf{f'(x) = 1 + \tan^2 x}}$

alternativ

$\tan x = \sin x / \cos x$ | u = sin x, v = cos s

$(\tan x)' = (\cos x \cdot \cos x - \sin x \cdot (-\sin x)) / \cos^2 x$ | $(u \cdot v)' = (u' \cdot v - u \cdot v') / v^2$

$(\tan x)' = (\cos^2 x + \sin^2 x) / \cos^2 x$ | trigonometrischer Pythagoras

$\underline{\mathbf{(\tan x)' = \frac{1}{\cos^2 x}}}$

4 Die Lösungen

3 3.2 Ableitungsübungen

Aufgabe 1:

a) $f(x) = 3 \cdot \sin x$ — $f'(x) = 3 \cdot \cos x$ (Faktorregel)

b) $f(x) = \sin(3x)$ — $f'(x) = 3 \cdot \cos(3x)$ (Kettenregel)

c) $f(x) = \sin(x+3)$ — $f'(x) = \cos(x+3)$ (Kettenregel, Ableitung der inneren Funktion beträgt 1)

d) $f(x) = \sin x + 3$ — $f'(x) = \cos x$ (Summenregel und Konstantenregel)

Aufgabe 2: Die vierte Ableitung der Funktion sin x ergibt eine Ableitungsfunktion f(4)(x), welche identisch mit der Sinusfunktion ist, denn

$(\sin x)' = \cos x$, $(\sin x)'' = (\cos x)' = -\sin x$, $\sin x''' = (-\sin x)' = -\cos x$,

$\sin x^{(4)} = (-\cos x)' = \sin x$

Aufgabe 3:

f(x)	f'(x)	f'(x0)
$3 \cdot \sin(3x + 3) + 3$	$9 \cdot \cos(3x + 3)$	$f'(-1) = 9$
$4 \cdot \cos(2x - 1) + 1$	$-8 \cdot \sin(2x - 1)$	$f'(0,5) = 0$
$\sin(x + \pi) - \sin(x - \pi)$	$\cos(x + \pi) - \cos(x - \pi)$	$f'(\frac{\pi}{4}) = 0$
$-2 \cdot \sin x \cdot \cos x$	$-2\cos^2 x + 2\sin^2 x$	$f'(0) = -2$
$\sin(2x) / \cos(2x)$	$2 / \cos^2(2x)$ oder $2 + 2\tan^2(2x)$	$f'(\frac{\pi}{8}) = 4$
$0,5 \tan(2x - \pi) + 1$	$\frac{1}{\cos^2(2x - \pi)}$	$f'(\pi) = 1$

3 3.3 Anstieg, Tangenten und Normalen

Aufgabe 1:

a) $f(x) = 1 - \sin^2 x$; $x_0 = 0$

Koordinaten des Berührungspunktes: $f(0) = 1 - \sin^2 0 = 1$ ⇨ P(0; 1)

Anstieg: $f'(x) = (-\sin^2 x)' = -2 \cdot \sin x \cdot (-\cos x) = 2 \cdot \sin x \cdot \cos x$ | Kettenregel
$f'(0) = 2 \cdot \sin 0 \cdot \cos 0 = 2 \cdot 0 \cdot 1 = \underline{\mathbf{0}}$

Tangentengleichung: $y = m \cdot x + n = 0 \cdot x + n$ | mit den Koordinaten des Berührungspunktes P
$1 = n$

Die Tangentengleichung lautet: t(x) = y = 1.

b) $f(x) = \sin(\ln x)$; $x_0 = 1$

Koordinaten des Berührungspunktes: $f(1) = \sin(\ln 1) = 0$ ⇨ P(1;0)

Anstieg: $f'(x) = \cos(\ln x) \cdot 1/x$ | Kettenregel
$f'(1) = \cos(\ln 1) \cdot 1/1 = \cos 0 = \underline{\mathbf{1}}$

Tangentengleichung: $y = m \cdot x + n = 1 \cdot x + n$ | mit den Koordinaten des Berührungspunktes P
$0 = 1 \cdot 1 + n$ ⇨ $n = -1$

Die Tangentengleichung lautet: t(x) = y = x – 1.

4 Die Lösungen

3 3.3 Anstieg, Tangenten und Normalen

Aufgabe 2: Wendepunkt:

$f'(x) = 2 \cdot \sin x \cdot \cos x$ | Kettenregel

$f'(x) = \sin(2x)$ | Additionstheorem für die Sinusfunktion

$f''(x) = 2 \cdot \cos(2x)$ | Kettenregel

$f'''(x) = -4 \cdot \sin(2x)$ | Kettenregel

notwendige Bedingung: $f''(x) = 0$
$2 \cdot \cos(2x) = 0$

Für die Lösungen im Intervall $[0 \le x \le \frac{\pi}{2}]$ gilt:
$2 \cdot \cos(2x) = 0 \quad \Rightarrow \cos(2x) = 0 \quad \Rightarrow 2x = \frac{\pi}{2} \quad \Rightarrow \mathbf{x = \frac{\pi}{4}}$
$f(\pi/4) = \sin^2(\pi/4) = 0{,}5$

Für den Wendepunkt im Intervall $[0 \le x \le \frac{\pi}{2}]$ gilt: **W($\frac{\pi}{4}$; 0,5).**
Anstieg der Tangente im Wendepunkt W($\frac{\pi}{4}$; 0,5): $mt = f'(\frac{\pi}{4}) = \sin(\frac{2\pi}{4}) = 1$
Anstieg der Normalen durch den Wendepunkt: W($\frac{\pi}{4}$; 0,5): $m_n = -\frac{1}{m_t} = -\frac{1}{1} = -1$

Für die Normalengleichung gilt:

$f_n(x) = y = m_n \cdot x + n = -1 \cdot x + n$ | mit den Koordinaten von W(π/4; 0,5) folgt
$0{,}5 = -1 \cdot \frac{\pi}{4} + n \quad \Rightarrow n = 0{,}5 + \frac{\pi}{4}$
Die Normalengleichung durch W($\frac{\pi}{4}$; 0,5) lautet: $f_n(x) = -x + 0{,}5 + \frac{\pi}{4}$

Die Katheten a und b des Dreiecks OAB entsprechen den Achsenabschnitten der Normalen.

Nullstelle der Normalen: $0 = -x + 0{,}5 + \frac{\pi}{4}$
$x = 0{,}5 + \frac{\pi}{4}$

Schnittstelle der Normalen mit der y-Achse: $f(0) = 0{,}5 + \frac{\pi}{4}$

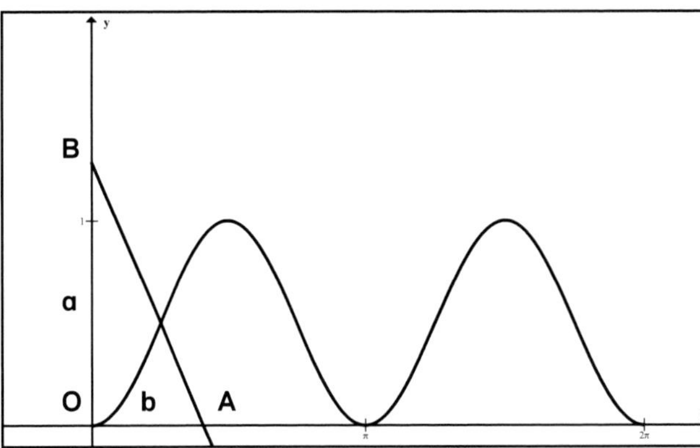

$A_{\Delta OAB} = \frac{1}{2} \cdot a \cdot b = \frac{1}{2} \cdot (0{,}5 + \frac{\pi}{4})^2 \approx \underline{0{,}83 \text{ FE}}$

4 Die Lösungen

3 3.4 Notwendige und hinreichende Kriterien für Extrema und Wendepunkte

Aufgabe 1: Tangenten an Extremstellen von Funktionsgraphen verlaufen stets parallel zur x-Achse (waagerecht). Folglich ist ihr Anstieg an der Extremstelle Null.

Aufgabe 2: Aus der waagerechten Lage einer Tangente an der Berührungsstelle x_0 kann man nicht auf die Existenz eines Extrempunktes der Funktion an dieser Stelle schließen. Eine waagerechte Tangente an den Funktionsgraphen im Berührungspunkt x_0 kann sowohl durch eine Extremstelle mit dem Wert x_0 bedingt sein (Abbildungen A und B) als auch durch einen Sattelpunkt an der Stelle x_0 (Abbildung C).

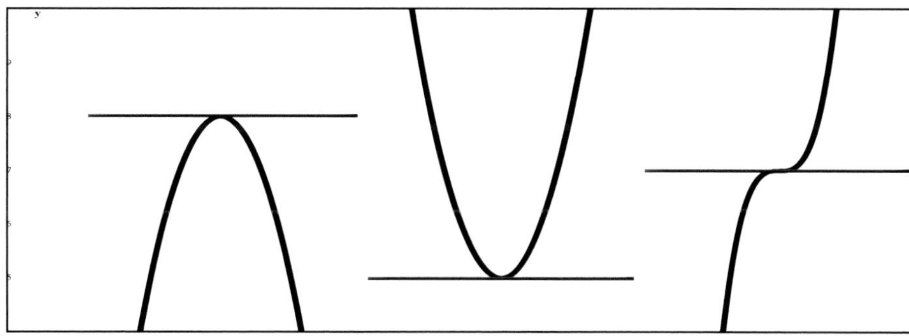

Aufgabe 3 und 4:

Das Krümmungskriterium Eine Funktion f((x) sei in einem Intervall I zweimal differenzierbar.	
(1) **Wenn f(x) in I rechtsgekrümmt ist,**	**Wenn f(x) in I linksgekrümmt ist,**
(2) dann ist f'(x) in I streng monoton fallend	dann ist f'(x) in I streng monoton steigend
(3) **dann ist f''(x) in I negativ** **Es gilt: f''(x) < 0**	**dann ist f''(x) in I positiv** **Es gilt: f''(x) > 0**

Aufgabe 5: Da an der Wendestelle die Funktion f''(x) ihr Vorzeichen wechselt, muss notwendig gelten:

f''(x) = 0

Aufgabe 6: $f(x) = \sin x$, $f'(x) = \cos x$, $f''(x) = -\sin x$, $f'''(x) = -\cos x$

notwendige Bedingung für Wendepunkte: $f''(x) = 0$

$-\sin x = 0 \Rightarrow x = k \cdot \pi$

hinreichende Bedingung: $f'''(x) \neq 0$

$-\cos(k \cdot \pi) = \pm 1 \neq 0$

Somit ist nachgewiesen, dass alle Punkte W(k · π; 0), k∈Z Wendepunkte der Sinusfunktion in ihrem gesamten Definitionsbereich sind.

4 Die Lösungen

3 3.5 Beispiel für eine vollständige Kurvendiskussion trigonometrischer Funktionen

Aufgabe 1: Die Funktion $f(x) = \sin^2 x + \quad \cos x$ hat den Wertebereich $W = [\approx -0{,}5 \le x \le \approx 1{,}062]$. Der Wertebereich wird durch die periodisch wiederkehrenden lokalen Minima und die lokalen Maxima begrenzt.

Aufgabe 2: rechnerische Lösung:

$\sin^2 x + \frac{1}{2}\cos x = 1$ $\quad$ | $\sin^2 x = 1 - \cos^2 x$ aus trigonometrischem Pythagoras

$\cos^2 x - \frac{1}{2}\cos x = 0$

$\cos x \cdot (\cos x - \frac{1}{2}) = 0$

Ein Produkt ist Null, wenn einer der Faktoren Null ist.

Aus dem Ansatz $\cos x = 0$ ergeben sich im Grundintervall $[0 \le x \le 2\pi]$ die Basislösungen $x_1 = \frac{\pi}{2}$ und $x_2 = \frac{3\pi}{2}$.

Aus dem Ansatz $\cos x - \frac{1}{2} = 0$ ergeben sich im Grundintervall $[0 \le x \le 2\pi]$ die Basislösungen $x_3 = \frac{\pi}{2}$ und $x_4 = \frac{5\pi}{3}$.

Im gesamten Definitionsbereich ergeben sich folgende Lösungen:

$\mathbf{x_1 = \frac{\pi}{2} + 2k\pi,\ k \in Z\ \ x_2 = \frac{3\pi}{2} + 2k\pi,\ k \in Z\ \ x_3 = \frac{\pi}{3} + 2k\pi,\ k \in Z\ \ x_4 = \frac{5\pi}{3} + 2k\pi,\ k \in Z}$

graphische Lösung:

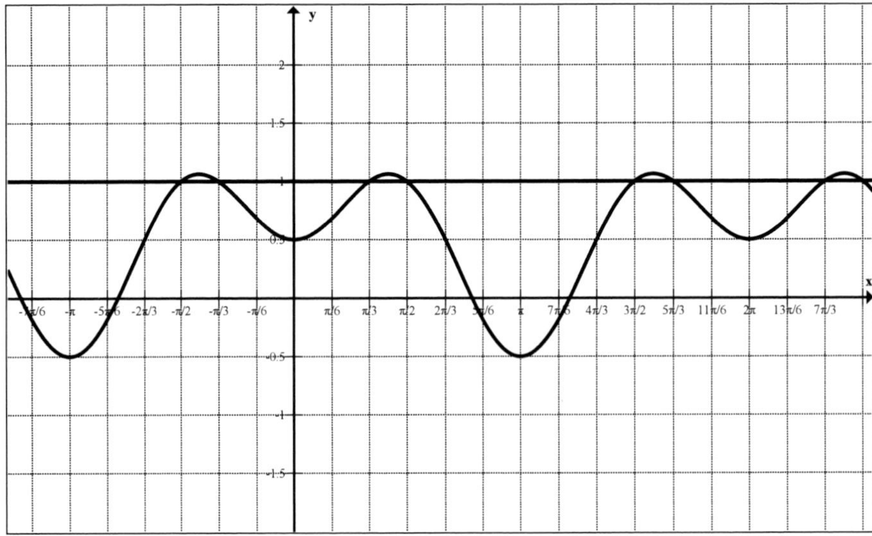

4 Die Lösungen

3 3.6 Übungen zur Kurvendiskussion trigonometrischer Funktionen

Funktion	**$f(x) = 1 + \cos(2x) + 2\cos x$**
Größtmöglicher Definitionsbereich	$D = R$
Symmetrie	achsensymmetrisch zur y-Achse
Kleinste Periode	$p = 2\pi$
Nullstellen und Achsenschnittpunkte	Nullstellen: $x_1 = \frac{\pi}{2}$ $x_2 = \pi$ $x_3 = \frac{3\pi}{2}$ Schnittpunkte mit der x-Achse S_{x1} $(\frac{\pi}{2}; 0)$, S_{x3} $(\pi; 0)$, S_{x3} $(\frac{3\pi}{2}; 0)$ Schnittpunkt mit der y-Achse S_y $(0; 4)$
Ableitungen	$f'(x) = -4 \cdot \cos x \cdot \sin x - 2 \cdot \sin x$ $f''(x) = -2 [\cos x \cdot (2 \cos x + 1) - 2 \cdot \sin^2 x]$
Extrempunkte	H_1 $(0; 4)$, H_2 $(\pi; 0)$ H_3 $(2\pi; 4)$ T_1 $(\approx 2{,}094; -0{,}5)$ T_2 $(\approx 4{,}189; -0{,}5)$
Wendepunkte	W_1 $(\approx 0{,}936; \approx 1{,}89)$ W_2 $(\approx 2{,}574; \approx -0{,}265)$ W_3 $(\approx 3{,}709; \approx -0{,}265)$ W_4 $(\approx 5{,}347; \approx 1{,}89)$
Skizze des Graphen	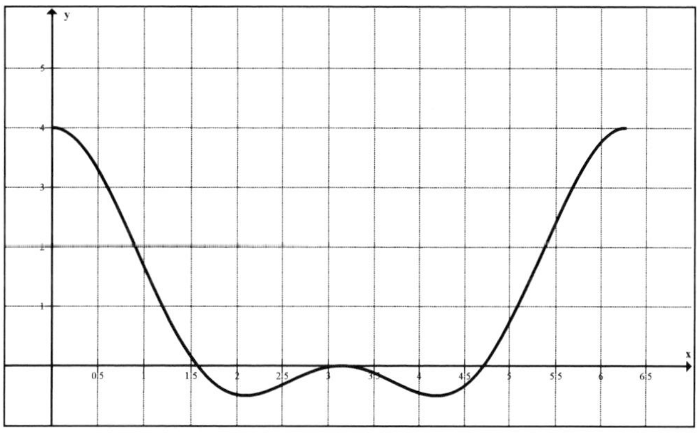

4 Die Lösungen

3.7 Multiple-Choice-Test

Aufgabe 1: Richtig ist:

[X] **C** 4π

Aufgabe 2: Richtig ist:

[X] **A** achsensymmetrisch zur y-Achse

Aufgabe 3: Richtig ist:

[X] **B** punktsymmetrisch zum Koordinatenursprung

Aufgabe 4: Richtig ist:

[X] **E** $x_1 = 0$ und $x_2 = 2\pi$

Aufgabe 5: Richtig ist:

[X] **B** S (0; 2)

Aufgabe 6: Richtig ist:

[X] **A** Die Amplitude der Funktion g(x) beträgt das b-fache der Amplitude der Funktion f(x).

Aufgabe 7: Richtig ist:

[X] **D** Der Faktor a verkürzt oder verlängert die Periode $p = 2\pi$ der Funktion f(x) auf die Periode $p = \frac{2\pi}{a}$ der Funktion g(x).

Aufgabe 8: Richtig ist:

[X] **B** H $(\frac{3\pi}{4}; \sqrt{2})$ T $(\frac{7\pi}{4}; -\sqrt{2})$

Bildnachweise

Seite 5, 6: © diego1012 - Fotolia.com
Seite 5, 6, 14, 34: © hultimus - Fotolia.com
Seite 7, 13: dny3d - Fotolia.com
Seite 7, 9, 10, 12, 14, 16, 17, 18, 19, 21, 22, 23, 24, 27, 28, 31, 32, 33, 34, 37, 40, 46, 47, 50, 52, 54, 57, 58: © Steve Young - Fotolia.com
Seite 8, 13, 21, 22, 23, 24, 31, 41, 45, 48, 50: © meen_na - Fotolia.com
Seite 9: M. Schuppich - Fotolia.com
Seite 9, 43: © fotomek - Fotolia.com
Seite 10: vishnukumar - Fotolia.com
Seite 10, 12, 13, 20, 22, 24, 27, 28, 42, 47: © julien tromeur - Fotolia.com
Seite 10, 20, 21, 23, 25, 46, 49, 54: koya979 - Fotolia.com
Seite 11: Franz Metelec; chingowin - Fotolia.com
Seite 12, 15, 16, 30, 43, 48, 49, 57: © Christos Georghiou - Fotolia.com
Seite 13, 18: © istidesign - Fotolia.com
Seite 13, 37: Romolo Tavani - Fotolia.com
Seite 13, 58: © pabijan - Fotolia.com.jpg
Seite 14, 20, 30, 33, 40, 49, 52, 53, 67, 73, 74: Piumadaquila - Fotolia.com
Seite 15, 56, 57: © wegener17 - Fotolia.com
Seite 17: Unit_circle_angles_color_© Jim.belk - wikimedia.org
Seite 18, 19: © timboosch - Fotolia.com
Seite 19, 30, 32, 51: fabioberti.it - Fotolia.com
Seite 25, 35, 56: © Winne - Fotolia.com
Seite 26, 47: © Rada Covalenco - Fotolia.com
Seite 29, 41, 44, 50: socris79 - Fotolia.com
Seite 31: brookhouse - Fotolia.com
Seite 33, 74: ILYA AKINSHIN - Fotolia.com
Seite 35, 51: orensila - Fotolia.com
Seite 35, 42, 45: © CG - Fotolia.com
Seite 36: okalinichenko - Fotolia.com
Seite 36, 37: © evgenii141 - Fotolia.com
Seite 36, 39, 51, 57, 58: clipart.com
Seite 38: Gezeitenschema © Ulamm - wikipedia.org
Seite 39: © SidorArt; mindscanner; Atlantis - Fotolia.com
Seite 40: Simple_harmonic_oscillator © Oleg Alexandrov - wikipedia.org
Seite 42: multik79 - Fotolia.com
Seite 45: © Edler von Rabenstein - Fotolia.com
Seite 48: © Gabriele Rohde - Fotolia.com
Seite 54: © BillionPhotos.com - Fotolia.com